高职高专"十四五"规划教材

Linux操作系统基础

主　编　梁波　张婷婷　高秀东
副主编　周氽　赵昱凯　杨眷玉　张浩

北京航空航天大学出版社

内容简介

Linux操作系统是当前应用极为广泛的服务器和桌面操作系统之一。它是一种自由和开放源码的类UNIX操作系统，可安装在多种计算机硬件设备当中，广泛应用于系统管理和维护、系统开发、语言开发及嵌入式系统等领域。本书基于CentOS 7全面介绍了Linux操作系统的安装、基本使用及几种基本服务器的搭建。全书共分为6章，内容涉及Linux操作系统的概况介绍、Linux操作系统的安装、RPM包管理、Systemd初始化、Linux的常用命令、存储管理与磁盘分区、raid和逻辑卷管理、账户管理、权限管理、进程管理、管理守护进程、监视系统性能、Linux网络配置、远程控制服务、Linux网络工具、vi编辑器、Shell脚本编程以及Samba服务器配置、DHCP服务器配置、DNS服务器配置、Apache服务器配置等。

本书可作为高等职业技术院校及各培训机构的Linux操作系统教材，也可作为Linux操作系统爱好者的自学用书。

图书在版编目(CIP)数据

Linux操作系统基础 / 梁波，张婷婷，高秀东主编. -- 北京 ：北京航空航天大学出版社，2021.6

ISBN 978-7-5124-3540-7

Ⅰ. ①L… Ⅱ. ①梁… ②张… ③高… Ⅲ. ①Linux操作系统—高等职业教育—教材 Ⅳ. ①TP316.85

中国版本图书馆CIP数据核字(2021)第115775号

Linux操作系统基础

主　编　梁波　张婷婷　高秀东

副主编　周籴　赵昱凯　杨春玉　张浩

策划编辑　冯颖　　责任编辑　冯颖

*

北京航空航天大学出版社出版发行

北京市海淀区学院路37号(邮编100191)　http://www.buaapress.com.cn

发行部电话：(010)82317024　传真：(010)82328026

读者信箱：goodtextbook@126.com　　邮购电话：(010)82316936

北京时代华都印刷有限公司印装　各地书店经销

*

开本：787×1 092　1/16　印张：12　字数：307千字

2021年8月第1版　2022年7月第2次印刷　印数：2 001～4 000册

ISBN 978-7-5124-3540-7　定价：38.00元

若本书有倒页、脱页、缺页等印装质量问题，请与本社发行部联系调换。联系电话：(010)82317024

前　言

Linux 是一种类 UNIX 操作系统，可供用户免费使用和自由传播。Linux 操作系统支持多 CPU 多线程，很好地支持多用户、多任务。如今 Linux 广泛用于各种计算机设备、网络设备和智能设备中，如个人计算机、服务器、路由器、智能手机和平板电脑等。因此，想进入这些领域的从业人员和在校学生，可以把学习 Linux 作为进入工作岗位的"敲门砖"。

本书选择了相对于其他 Linux 发行版更加稳定的 CentOS 7 版本。CentOS 是 Linux 发行版本之一，是基于著名的 Red Hat 公司提供的可自由使用源代码的企业级 Linux 发行版本，是 RHEL(Red Hat Enterprise Linux)源代码再编译的版本。更为重要的是 CentOS 免费，而且它的每个发行版本通过安全更新的方式都会获得 10 年的支持。

全书共 6 章，其中：第 1 章介绍了 Linux 操作系统的概况并详细讲解了 Linux 操作系统的安装；第 2 章介绍了 Linux 的操作基础与磁盘管理；第 3 章介绍了多用户多任务管理；第 4 章讲解了网络配置与远程控制服务；第 5 章详细描述了 vi 编辑器和 Shell 脚本编程；第 6 章介绍了 Samba 服务器、DHCP 服务器、DNS 服务器和 Apache 服务器的简单配置。

本书可作为高等职业技术院校及各培训机构的 Linux 操作系统教材，也可供广大 Linux 操作系统爱好者自学使用。

本书由梁波、张婷婷、高秀东主编，周氽、赵昱凯、杨眷玉、张浩副主编，参与编写工作的还有胡将军、欧丽娜、杨贺昆、肖欢、刘泽、刘连喜、徐浩等老师。由于编者水平有限，书中难免有疏漏之处，希望广大学生、Linux 爱好者和 Linux 业界资深人士给予批评指正。诚挚地希望使用本书的老师提出宝贵意见和建议，让我们共同研究 Linux 和自由软件教学，为促进自由软件在我国的发展尽绵薄之力。

编　者

2021 年 4 月

前 言

目　　录

第 1 章

Linux 简介与安装

学习目标

- 理解 Linux 操作系统的体系结构；
- 掌握搭建 CentOS 7 服务器的方法；
- 掌握登录、退出 Linux 服务器的方法；
- 掌握重置 root 管理员密码的方法；
- 掌握 RPM 包的使用方法；
- 掌握启动和退出系统的方法。

众所周知，Linux 的核心原型是 1991 年由 Linus Torvalds 写出来的，他为何可以写出 Linux 这个操作系统？为什么他要选择 386 计算机来开发？为什么 Linux 的发展如此迅速？为什么 Linux 是免费且可以自由学习的？以及目前为何有这么多的 Linux 套件版本（distributions）呢？只有了解这些东西后，才知道为何 Linux 可以免除专利软件之争，并且了解到 Linux 为何可以同时在个人计算机与大型主机上面大放异彩！

1.1 Linux 简介

我们知道 Linux 是在计算机上面运行的，所以说 Linux 就是一组软件。问题是这个软件是操作系统还是应用程序？可以在哪些种类的计算机硬件上面运行？Linux 源自哪里？为什么 Linux 免费？以上问题下面一一解答。

1.1.1 自由软件与 Linux

1. Linux 系统的历史

Linux 系统是一种类 UNIX 的操作系统，是 UNIX 在计算机上的完整实现，它的标志是一个名为 Tux 的可爱小企鹅，如图 1-1 所示。UNIX 是 1969 年由 K. Thompson 和 D. M. Richie 在美国贝尔实验室开发的一种操作系统。由于具有良好而稳定的性能，其迅速在计算机中得到广泛的应用，在随后的几十年中又做了不断的改进。

图 1-1 Linux 的标志 Tux

1990 年，芬兰人 Linus Torvalds 接触了为教学而设计的 Minix 系统后，开始着手研究编写一个开放的、与 Minix 系统兼容的操作系统。1991 年 10 月 5 日，Linus Torvalds 在赫尔辛基技术大学的一台 FTP 服务器上发布了一个消息，这标志着 Linux 系统的诞生。Linus Torvalds 公布了第一个 Linux 的内核版本 0.0.2 版。开始，Linus Torvalds 的兴趣在于了解操作系统运行原理，因此 Linux 早期的版本并没有考虑最终用户的使用，只是提供了最核心的框架，使得 Linux 编程人员可以享受编制内核的乐趣，这样就保证了 Linux 系统内核的强大与稳定。随着 Internet 的兴起，Linux 系统迅速发展，很快就有许多程序员加入了 Linux 系统的编写行列之中。

随着编程小组的扩大和完整操作系统基础软件的出现，开发人员认识到 Linux 已经逐渐变成一个成熟的操作系统。1992 年 3 月，内核 1.0 版本的推出标志着 Linux 第一个正式版本的诞生。

2. Linux 的版权问题

Linux 是基于 Copyleft（无版权）的软件模式发布的，其实 Copyleft 是与 Copyright（版权所有）相对立的新名称，它是 GNU 项目制定的通用公共许可证（General Public License，GPL）。GNU 项目是由 Richard Stallman 于 1984 年提出的，他建立了自由软件基金会(FSF)，并提出 GNU 计划的目的是开发一个完全自由的、与 UNIX 类似但功能更强大的操作系统，以便为所有的计算机用户提供一个功能齐全、性能良好的基本系统。它的标志是角马，如图 1－2 所示。

图 1－2　GNU 的标志角马

注意：为什么要称为 GNU 呢？其实 GNU 是 GNU's Not UNIX 的缩写，意思是 GNU 并不是 UNIX！那么 GNU 又是什么呢？就是 GNU's Not UNIX 嘛！……如果你写过程序就会知道，这个 GNU＝GNU's Not UNIX 可是无穷循环啊！

3. Linux 系统的特点

Linux 操作系统作为一个免费、自由、开放的操作系统，发展势不可挡。它具有完全免费，高效安全稳定，支持多种硬件平台，用户界面友好，网络功能强大，支持多任务、多用户的特点。

4. 自由软件活动

1984 年创立 GNU 计划与 FSF 基金会的 Stallman 先生认为，写程序最大的快乐就是让自己开发的良好的软件让大家来使用！另外，如果使用方撰写程序的能力比自己强，那么当对方修改完自己的程序并且回传修改后的程序代码给自己，那自己的程序撰写能力无形中也进步了。

既然程序是分享给大家使用的，每个人所使用的计算机软硬件会有差异，那么该程序的源代码(Source code)就应该要同时释出，这样才能方便大家修改从而适用于每个人的计算机！这个将源代码连同软件程序释出的举动，在 GNU 计划的范畴之内就称为自由软件（Free Software)运动。

1.1.2　Linux 体系结构

Linux 一般有 3 个主要部分：内核（Kernel)、命令解释层（Shell 或其他操作环境）、实用工具。

1. 内　核

内核是系统的心脏，是运行程序和管理磁盘及打印机等硬件设备的核心程序。操作环境向用户提供一个操作界面，它从用户那里接收命令，并且把命令发送给内核去执行。因为内核提供的都是操作系统最基本的功能，所以如果内核发生问题，整个计算机系统就可能会崩溃。

2. 命令解释层

Shell 是系统的用户界面，提供了用户与内核进行交互操作的一种接口。它接收用户输入的命令，并且把它发送到内核去执行。

操作环境在操作系统内核与用户之间提供操作界面，它可以描述为一个解释器。操作系统对用户输入的命令进行解释，再将其发送到内核。Linux 存在几种操作环境，分别是桌面(desktop)、窗口管理器(window manager)和命令行 Shell (command line shell)。Linux 系统中的每个用户都可以拥有自己的操作界面，根据自己的要求进行定制。

Shell 是一个命令解释器，解释用户输入的命令，并把它们送到内核。不仅如此，Shell 还有自己的编程语言用于命令的编辑，它允许用户编写由 Shell 命令组成的程序。Shell 编程语言具有普通编程语言的很多特点，如循环结构和分支控制结构等。用这种编程语言编写的 Shell 程序与其他应用程序具有同样的效果。

3. 实用工具

标准的 Linux 系统都有一套叫作实用工具的程序，它们是专门的程序，如编辑器、执行标准的计算操作等，用户也可以开发自己的工具。

实用工具可分为以下 3 类：编辑器用于编辑文件；过滤器用于接收数据并过滤数据；交互程序允许用户发送信息或接收来自其他用户的信息。

1.1.3 CentOS 简介

CentOS 是 Community Enterprise Operating System 的缩写，也称为社区企业操作系统，是企业 Linux 发行版领头羊 Red Hat Enterprise Linux(以下称之为 RHEL)的再编译版本(是一个再发行版本)，而且在 RHEL 的基础上修正了不少已知的 Bug，相对于其他 Linux 发行版，其稳定性值得信赖。

CentOS 的特点包括：

① 可以把 CentOS 理解为 Red Hat AS 系列的社区版，它完全就是对 Red Hat AS 进行改进后发布的，各种操作、使用与 RHEL 没有区别；

② CentOS 完全免费，不存在 Red Hat AS 需要序列号的问题；

③ CentOS 独有的 yum 命令支持在线升级，可以即时更新系统，不像 RHEL 那样需要花钱购买支持服务；

④ CentOS 修正了许多 RHEL 的 Bug。

1.1.4 Linux 的内核版本与发行版本

Linux 的版本分为内核版本和发行版本。

1. 内核版本

内核是系统的心脏，是运行程序和管理磁盘及打印机等硬件设备的核心程序，它提供了一个在裸设备与应用程序间的抽象层。例如，程序本身不需要了解用户的主板芯片集或磁盘控制器的细节就能在高层次上读/写磁盘。

内核的开发和规范一直由 Linus Torvalds 领导的开发小组控制着，版本也是唯一的。开发小组每隔一段时间就会公布新的版本或其修订版，从 1991 年 10 月 Linus 向世界公开发布的内核 0.0.2 版本(0.0.1 版本功能相当简陋，所以没有公开发布)到目前(2021 年 6 月 30 日)

最新的内核 5.13 版本，Linux 的功能越来越强大。

Linux 内核的版本号命名是有一定规则的，版本号的格式通常为“主版本号.次版本号.修正号”。主版本号和次版本号标志着重要的功能变动，修正号表示较小的功能变更。以 2.6.12 版本为例，2 代表主版本号，6 代表次版本号，12 代表修正号。其中次版本号还有特定的意义：如果是偶数，就表示该内核是一个可放心使用的稳定版；如果是奇数，则表示该内核加入了某些测试的新功能，是一个内部可能存在 Bug 的测试版。例如，2.5.74 表示一个测试版的内核，2.6.12 表示一个稳定版的内核。读者可以到 Linux 内核官方网站下载最新的内核代码，如图 1-3 所示。

图 1-3　Linux 内核官方网站

2. 发行版本

仅有内核而没有应用软件的操作系统是无法使用的，所以许多公司或社团将内核、源代码及相关的应用程序组织构成一个完整的操作系统，让一般的用户可以简便地安装和使用 Linux，这就是所谓的发行版本(Distribution)，一般谈论的 Linux 系统便是针对这些发行版本的。目前各种发行版本超过 300 种，它们的发行版本号各不相同，使用的内核版本号也可能不一样，现在流行的套件有 Red Hat(红帽)、CentOS、Fedora、openSUSE、Debian、Ubuntu、红旗 Linux 等。

本书基于 CentOS 7 系统编写，书中内容及实验完全通用于 RHEL、Fedora 等系统。

1.2　安装 Linux

中小型企业在选择网络操作系统时，首先推荐企业版 Linux 网络操作系统。一方面是因为其开源的优势，另一方面是考虑到其安全性较高。

要想成功安装 Linux，首先必须对硬件的基本要求、硬件的兼容性、多重引导、磁盘分区和安装方式等进行充分准备，获取发行版本，查看硬件是否兼容，选择适合的安装方式。做好这些准备工作，Linux 安装之旅才会一帆风顺。

1.2.1　准备安装 Linux

1. 多重引导

Linux 和 Windows 的多系统共存有多种实现方式，最常用的有 3 种。目前使用最多的是通过 Linux 的 GRUB 或者 LILO 实现 Windows、Linux 多系统引导。

2. 安装方式

任何硬盘在使用前都要进行分区。硬盘的分区有两种类型:主分区和扩展分区。一个

CentOS 7 提供了多达 4 种安装方式,可以从 CD-ROM/DVD 启动安装、从硬盘安装、从 U 盘安装或者从虚拟机安装。

3. 物理设备的命名规则

Linux 系统中的一切都是文件,硬件设备也不例外。既然是文件,就必须有文件名称。系统内核中的 udev 设备管理器会自动把硬件名称规范起来,目的是让用户通过设备文件的名字猜出设备大致的属性以及分区信息等,这对于陌生的设备来说特别方便。另外,udev 设备管理器的服务会一直以守护进程的形式运行并侦听内核发出的信号来管理/dev 目录下的设备文件。

4. 硬盘相关知识

硬盘设备是由大量扇区组成的,每个扇区的容量为 512 字节,其中第一个扇区最重要。第一个扇区里保存着主引导记录与分区表信息。就第一个扇区来讲,主引导记录需要占用 416 字节,分区表占用 64 字节,结束符占用 2 字节,其中分区表中每记录一个分区信息就需要 16 字节,这样一来最多只有 4 个分区信息可以写到第一个扇区中,这 4 个分区就是 4 个主分区。

5. 规划分区

启动 CentOS 7 安装程序前,需根据实际情况的不同准备 CentOS 7 DVD 镜像,同时要进行分区规划。

对于初次接触 Linux 的用户来说,分区方案越简单越好,所以最好的选择就是为 Linux 准备两个分区,一个是用户保存系统和数据的根分区(/),另一个是交换分区,其中,交换分区不用太大,与物理内存同样大小即可。根分区则需要根据 Linux 系统安装后占用资源的大小和所需要保存数据的多少来调整大小(一般情况下,划分 15~20 GB 就足够了)。

当然,对于 Linux 熟手或者要安装服务器的管理员来说,这种分区方案就不太适合了。此时,一般还会单独创建一个/boot 分区,用于保存系统启动时所需要的文件,再创建一个/usr 分区,操作系统基本都在这个分区中;还需要创建一个/home 分区,所有的用户信息都在这个分区下;还有/var 分区,服务器的登录文件、邮件、Web 服务器的数据文件都会放在这个分区中,Linux 服务器常见分区方案如图 1-4 所示。

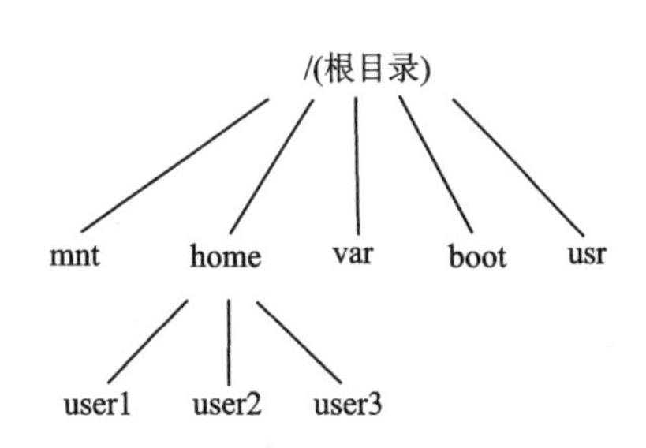

图 1-4　Linux 服务器常见分区方案

至于分区操作,因为 Windows 并不支持 Linux 下的 ext2、ext3、ext4 和 swap 分区,所以只有借助于 Linux 的安装程序进行分区了。当然,绝大多数第三方分区软件也支持 Linux 的分区,也可以用它们来完成这项工作。

下面来逐步学习 CentOS 7 的几种安装方式。

1.2.2 U 盘安装

下面来简单说明使用 U 盘安装 CentOS 系统，这里以 CentOS - 7 - x86_64 - DVD - 2009 为例。

使用到的材料：CentOS - 7 - x86_64 - DVD - 2009、UltraISO、U 盘一个。

开始安装：

① 打开 UltraISO，依次单击“文件”→“打开”→选择“CentOS - 7 - x86_64 - DVD - 2009. iso”文件，如图 1 - 5 所示。

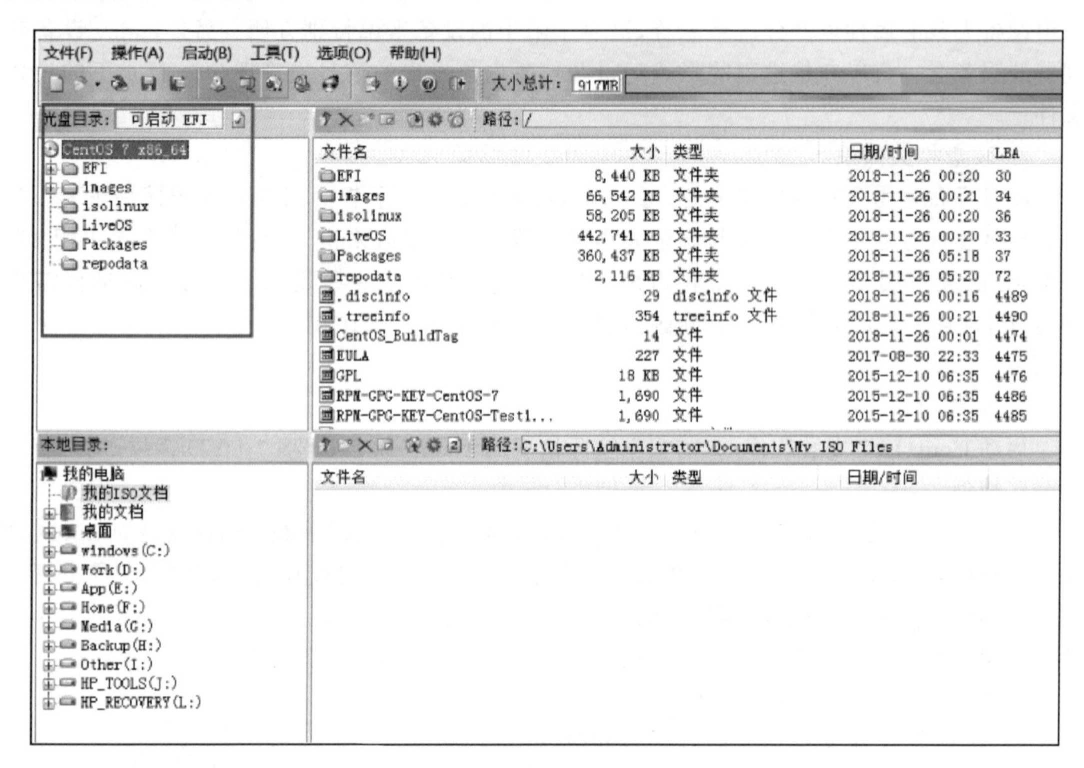

图 1 - 5　打开 UltraISO 示例

② “启动”→“写入硬盘映像”，在“硬盘驱动器选择 U 盘”，写入方式默认即可，单击“格式化”格式化 U 盘，最后写入即可完成。

③ 完成写入后，只保留“images”和“isolinux”两个文件夹，其余的全部删除，然后复制 CentOS - 7 - x86_64 - DVD - 2009. iso 到 U 盘根目录。

④ 重启以 U 盘启动，选择“Install or upgrade an existing system”回车，语言选择“Chinese (Simplifed)”回车，选择键盘模式→默认，然后回车。在下一步“Installation Method”选择“Hard drive”，然后选择 U 盘所在的分区(不确定的可以一个个尝试)。下面就是常规的系统安装了。

1.2.3 硬盘安装

必备工具：CentOS - 7 - x86_64 - DVD - 2009；分区助手：用于在 Windows 下 ext2 或 ext3 的

分区；grub4dos：用于引导 Linux 系统；Ext2Fsd：用于 Windows 下能读/写 ext2 或 ext3 分区。

安装步骤：

1. ext3 分区

使用分区助手分出一个 ext3 的分区，这个分区是用来存放 iso 文件的，根据 iso 文件确定大小，分区之后，硬盘还必须有未分区的空间，因为需要留给安装 CentOS 使用。分区的时候顺便分配盘符。

使用 Ext2Fsd 访问 ext3 分区，先安装打开 Ext2Fsd 软件，在刚才分好的 ext3 分区上单击右键，选择"配置文件系统"，单击"启用"，之后"更改并退出"。这时打开"我的电脑"，就看见已经多了一个磁盘分区，比如 F，接着把 iso 文件复制到 F 分区的根目录。

2. 用 grub4dos 软件制作引导菜单

选择"我的电脑"→"C 盘"→"工具"→"文件夹选项"→"查看"命令，取消勾选"隐藏受保护的操作系统文件(推荐)"，并选中"显示所有文件和文件夹"，再取消勾选"隐藏文件类型的扩展名"，最后单击"应用"、"确定"。

右键单击 C 盘根目录下的 boot. ini，选择"属性"，取消勾选"只读"。接着，用记事本打开 boot. ini 文件，在最后一行添加 C:\GRLDR="Grub"。

解压 grub4dos - 0. 4. 4，把文件夹里面的 GRLDR 复制到 C 盘根目录，然后在 C 盘根目录新建 boot 文件夹，在 boot 文件夹中再新建 grub 文件夹，把 grub4dos - 0. 4. 4 文件夹里面的 menu. lst 复制到 C:\boot\grub 下。

然后解压挂载或解压 iso 文件，把里面的 isolinux 文件夹复制到 F 盘的根目录下面。

3. 引导 CentOS 启动

重启电脑，进入引导界面，选择 Grub，按下"C"键进入命令行模式。

输入"root (hd0,"，这时按下"Tab"键，会在下面出现整个硬盘的所有分区，假如我们看到"5"对应之前的 ext3 分区，那就继续输入"5)"，完整的命令是：root (hd0,5)。

按下回车键，继续输入 kernel/isolinux/vmlinuz，再按下回车键，输入 initrd/isolinux/initrd. img，按下回车键，继续输入 boot，按下回车键，这时 Grub 已经能够引导 CentOS 进入安装界面。

4. 安装 CentOS

这里不多说，需要注意的有几点：

① 在要求选择 CentOS image 文件所在的分区时，一般选择最后一个分区。

② 这步一定要小心，不然会导致 Windows 系统丢失。在提示"您要进行哪种类型的安装"时，选择"创建自定义布局"进行自定义分区，然后在未分区的空间上新建 ext4 分区，也可以使用 LVM 管理分区，不过 boot 必须是主物理分区。

1.2.4 安装并配置 VM 虚拟机

必备工具：CentOS - 7 - x86_64 - DVD - 2009、VMware Workstation Pro 16。

安装步骤：

① 安装虚拟机。本文所安装的虚拟机为 VMware Workstation Pro 16 版本，具体安装界面如图 1 - 6 所示。

② 成功安装 VMware Workstation Pro 16 后的界面如图 1 - 7 所示。

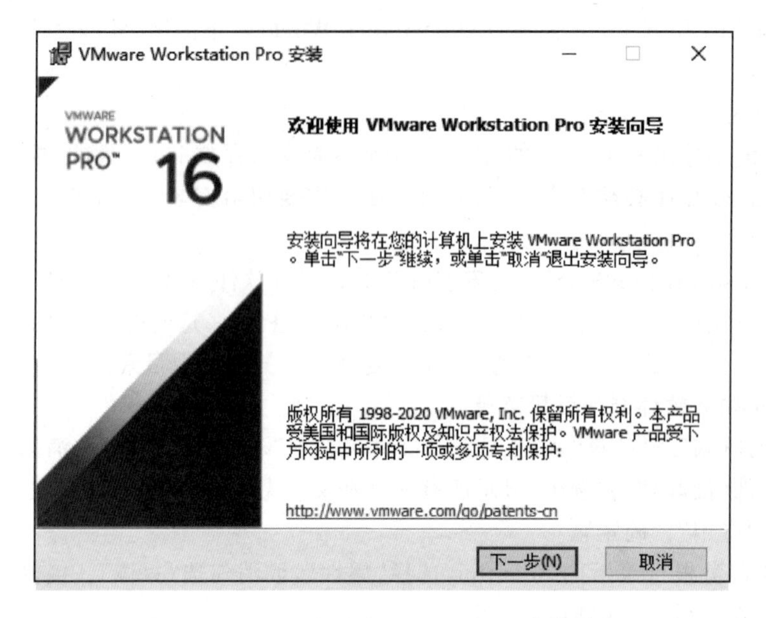

图 1-6 VMware Workstation Pro 16 安装界面

图 1-7 虚拟机软件的管理界面

③ 在图 1-7 所示的界面中，单击“创建新的虚拟机”选项，并在弹出的“新建虚拟机向导”界面中选择“典型”单选按钮，然后单击“下一步”按钮，如图 1-8 所示。

④ 选中“稍后安装操作系统”单选按钮，然后单击“下一步”按钮，如图 1-9 所示。

注意：请一定选择“稍后安装操作系统”单选按钮，如果选择“安装程序光盘镜像文件”单选按钮，并把下载好的 CentOS 7 系统的镜像选中，虚拟机会通过默认的安装策略为您部署最精简的 Linux 系统，而不会再向您询问安装设置的选项。

⑤ 在图 1-10 所示的界面中，将客户机操作系统的类型选择为“Linux”，版本为“CentOS 7 64 位”，然后单击“下一步”按钮。

⑥ 填写“虚拟机名称”字段，并在选择安装位置之后单击“下一步”按钮，如图 1-11 所示。

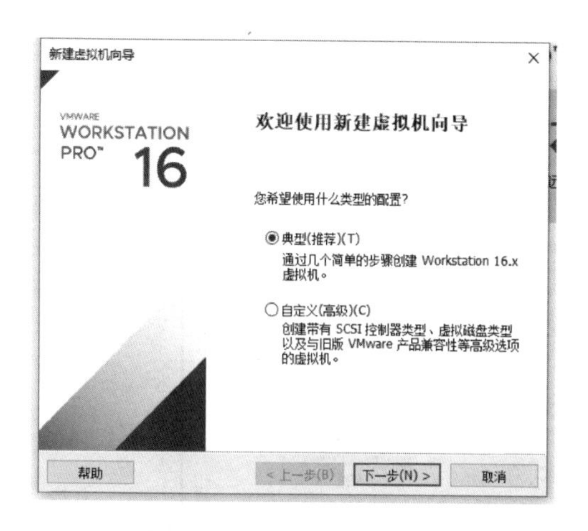

图 1-8　新建虚拟机向导

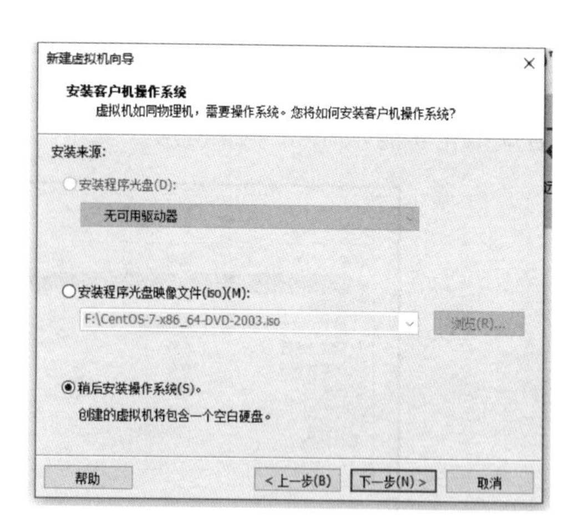

图 1-9　选择虚拟机的安装来源

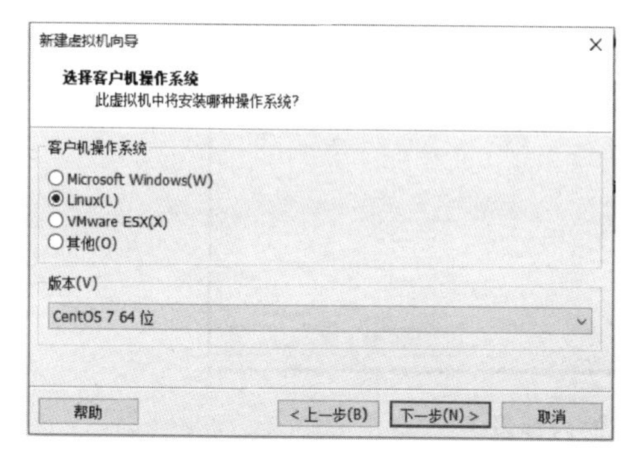

图 1-10　选择操作系统的版本

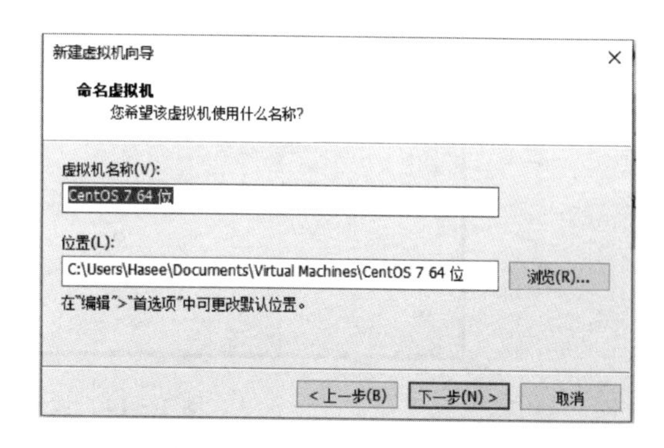

图 1-11　命名虚拟机及设置安装路径

⑦ 将虚拟机系统的"最大磁盘大小"设置为 20.0 GB(默认即可)，然后单击"下一步"按钮，如图 1-12 所示。

⑧ 单击"自定义硬件"按钮，如图 1-13 所示。

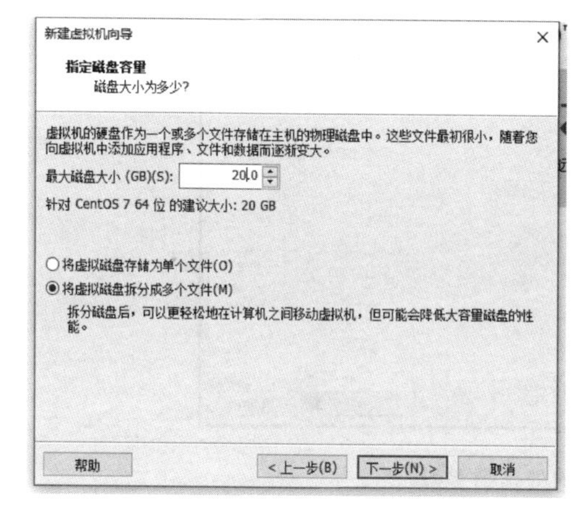

图 1-12　虚拟机最大磁盘大小

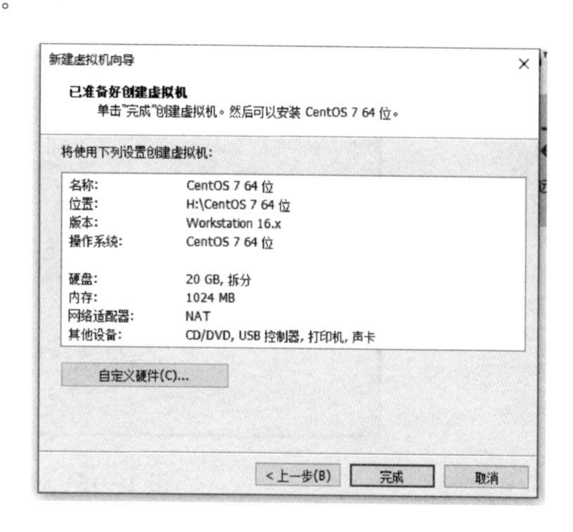

图 1-13　虚拟机的配置界面

⑨ 在出现的图 1－14 所示的界面中，建议将虚拟机系统内存的可用量设置为 2 GB，最低不应低于 1 GB。根据宿主机的性能设置 CPU 处理器的数量以及每个处理器的核心数量，并开启虚拟化功能，如图 1－15 所示。

图 1－14　设置虚拟机的内存量

图 1－15　设置虚拟机的处理器参数

⑩ 光驱设备此时应在“使用 ISO 镜像文件”中选中了下载好的 CentOS 系统镜像文件，如图 1－16 所示。

⑪ VM 虚拟机软件为用户提供了 3 种可选的网络模式，分别为桥接模式、NAT 模式与仅主机模式。这里选择“仅主机模式”，如图 1－17 所示。

图 1－16　设置虚拟机的光驱设备

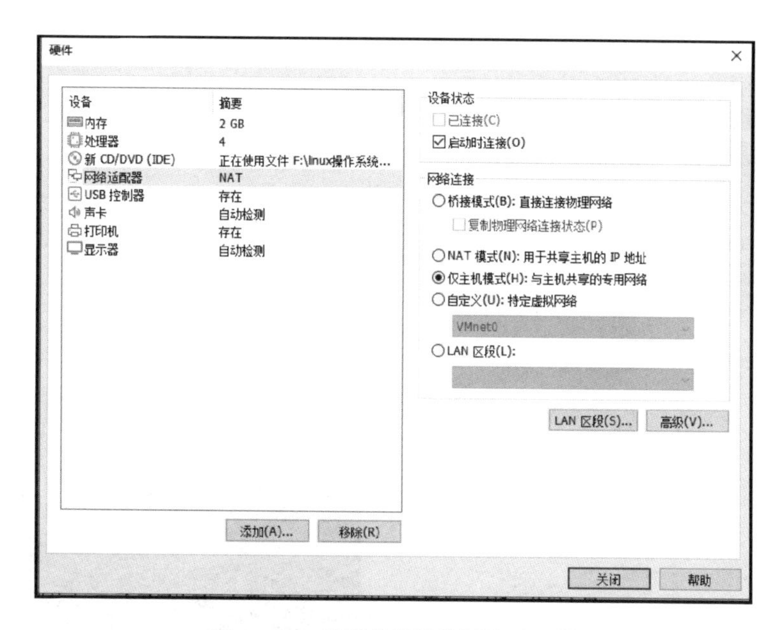

图 1－17　设置虚拟机的网络适配器

a. 桥接模式：相当于在物理主机与虚拟机网卡之间架设了一座桥梁，从而可以通过物理主机的网卡访问外网。

b. NAT 模式：让 VM 虚拟机的网络服务发挥路由器的作用，使得通过虚拟机软件模拟的主机可以通过物理主机访问外网。在真机中，NAT 虚拟机网卡对应的物理网卡是 VMnet8。

c. 仅主机模式：仅让虚拟机内的主机与物理主机通信，不能访问外网。在真机中，仅主机模式模拟网卡对应的物理网卡是 VMnet1。

⑫ 把 USB 控制器、声卡、打印机等不需要的设备统统移除。移除声卡后可以避免在输入错

误后发出提示声音，确保自己在今后实验中的思绪不被打扰，然后单击“关闭”按钮，如图 1－18 所示。

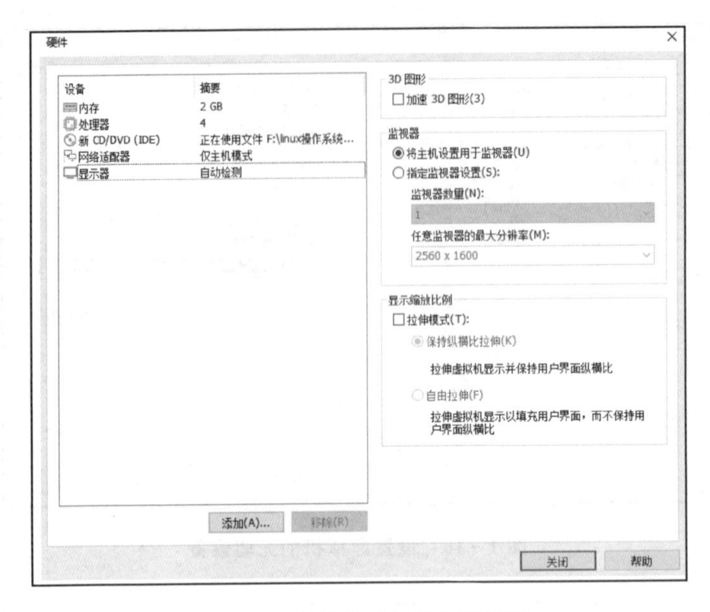

图 1－18　最终的虚拟机配置情况

⑬ 返回到虚拟机配置向导界面后单击“完成”按钮。虚拟机的安装和配置顺利完成。当看到图 1－19 所示的界面时，说明虚拟机已经配置成功。

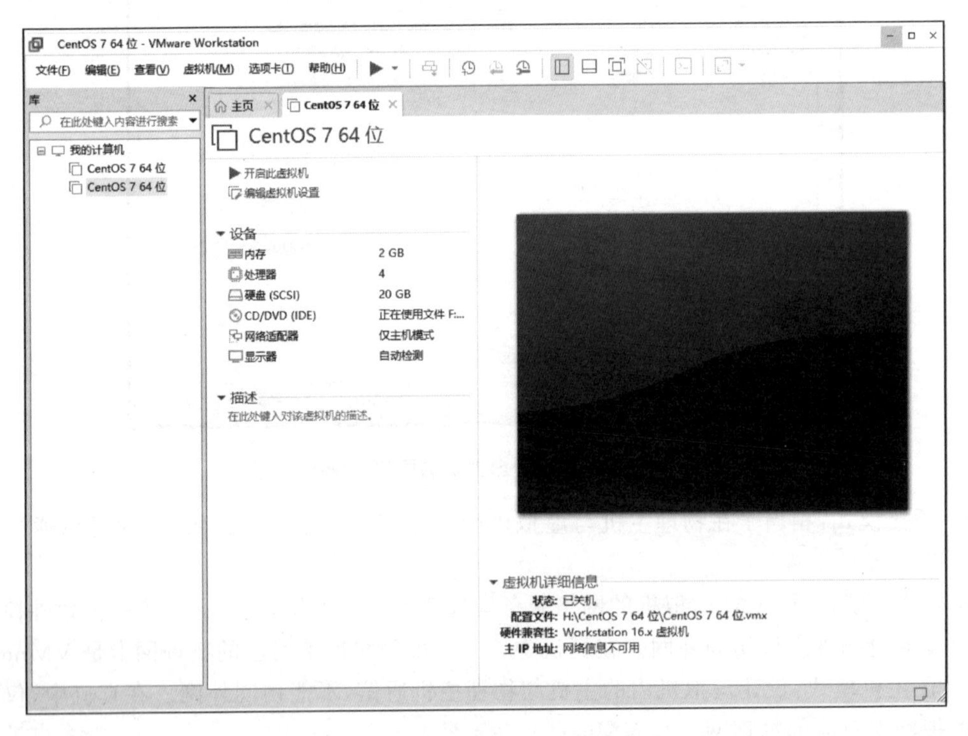

图 1－19　虚拟机配置成功的界面

1.3 初入 Linux

在上节中学习并完成了对虚拟机的安装，至此我们就拥有了可以安装 Linux 系统的环境。本节重点学习如何安装 CentOS 7 系统，并学习如何使用管理员密码及常用的命令帮助。

1.3.1 安装 CentOS 7

安装 RHEL7 或 CentOS 7 系统时，计算机的 CPU 需要支持 VT（Virtualization Technology，虚拟化技术）。VT 指的是让单台计算机能够分割出多个独立资源区，并让每个资源区按照需要模拟出系统的一项技术，其本质就是通过中间层实现计算机资源的管理和再分配，让系统资源的利用率最大化。其实只要计算机不是五六年前买的，并且价格不低于 3 000 元，它的 CPU 就肯定支持 VT。如果开启虚拟机后依然提示“CPU 不支持 VT 技术”等报错信息，请重启计算机并进入 BIOS 中把 VT 虚拟化功能开启即可。安装步骤如下：

① 在虚拟机管理界面中单击“开启此虚拟机”按钮后数秒就看到 CentOS 7 系统安装界面，如图 1-20 所示。在界面中，“Test this media & install CentOS 7”和“Install CentOS 7”的作用分别是校验光盘完整性后再安装以及直接安装模式。此时通过键盘的方向键选择“Install CentOS 7”选项来直接安装 Linux 系统。

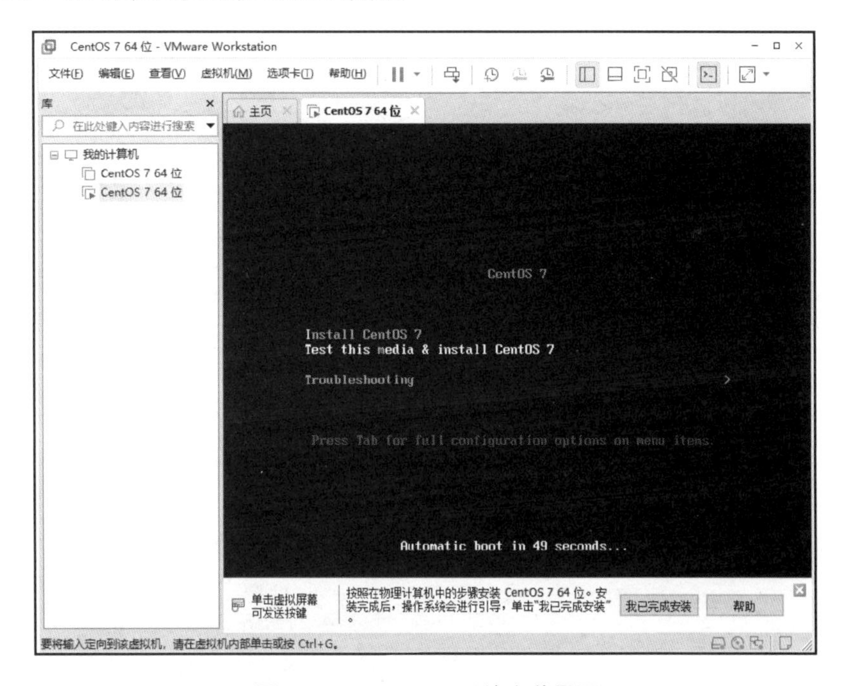

图 1-20 CentOS 7 系统安装界面

② 按回车键后开始加载安装镜像，所需时间在 30～60 s，请耐心等待，选择系统的安装语言（简体中文）后单击“继续”按钮，如图 1-21 所示。

③ 在安装界面中单击“软件选择”选项，如图 1-22 所示。

④ CentOS 7 系统的软件定制界面可以根据用户需求来调整系统的基本环境，例如把

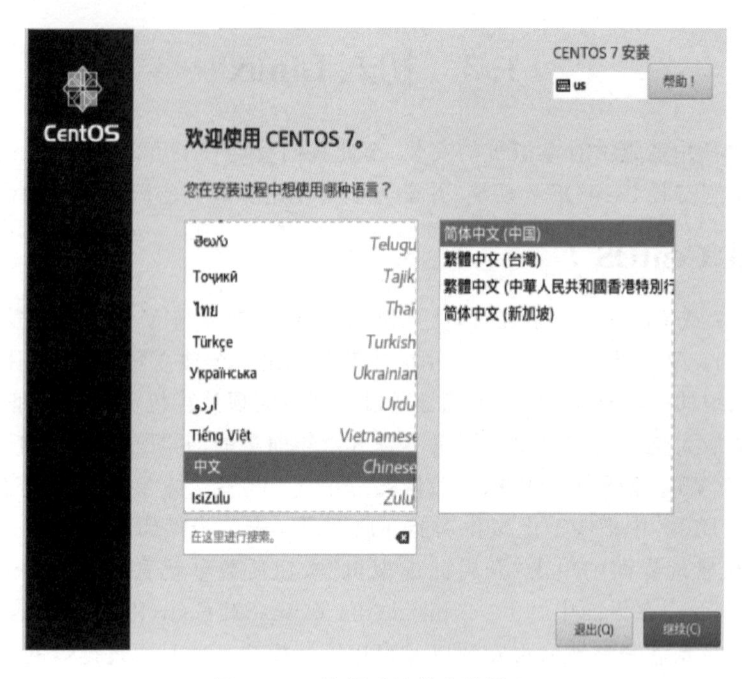

图 1-21 选择系统的安装语言

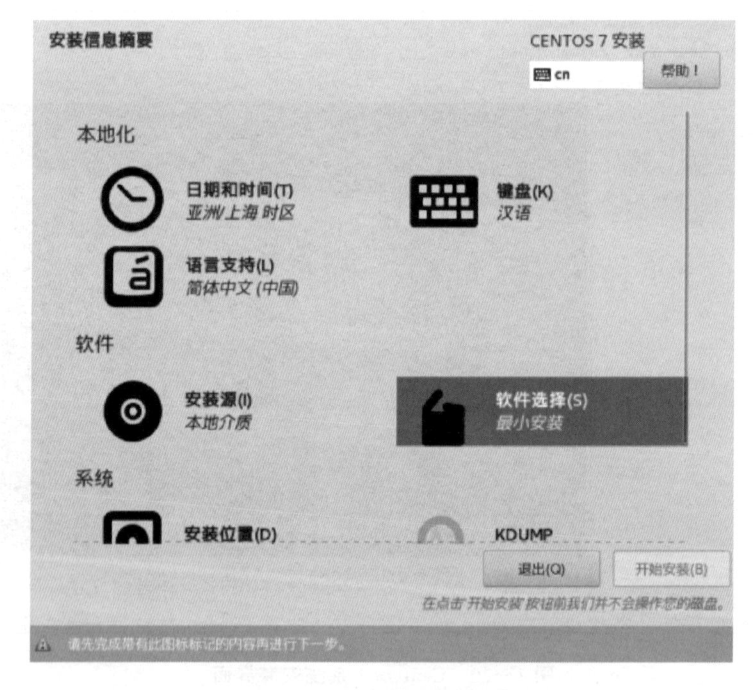

图 1-22 安装系统界面

Linux 系统用作基础服务器、文件服务器、Web 服务器或工作站等。此时只需在界面中单击选中“带 GUI 的服务器”单选按钮(如果不选此项，则无法进入图形界面)，然后单击左上角的“完成”按钮即可，如图 1-23 所示。

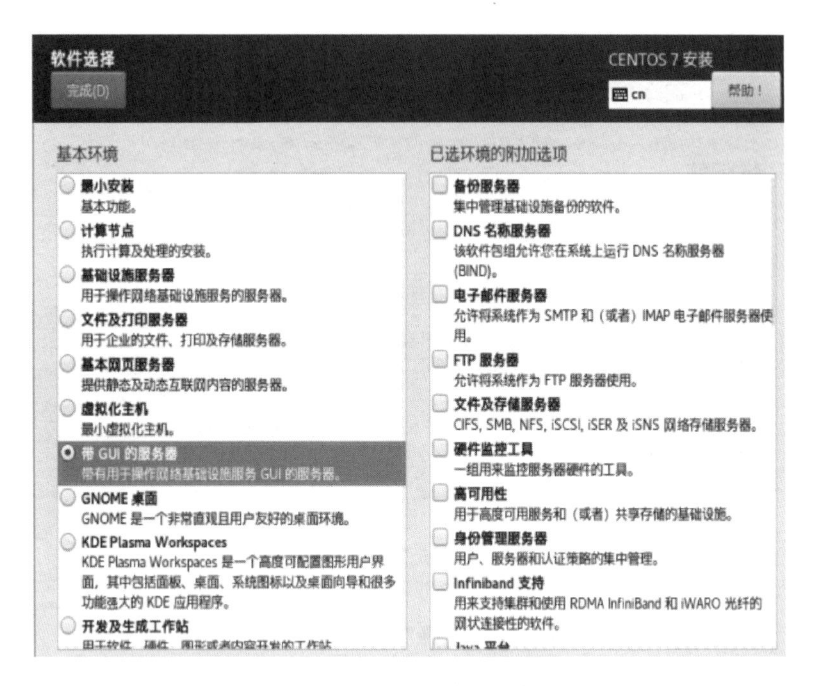

图 1-23　选择系统软件类型

⑤ 返回到 CentOS 7 系统安装主界面，单击“网络和主机名”选项后，将“主机名”字段设置为 CentOS7-1，然后单击左上角的“完成”按钮，如图 1-24 所示。

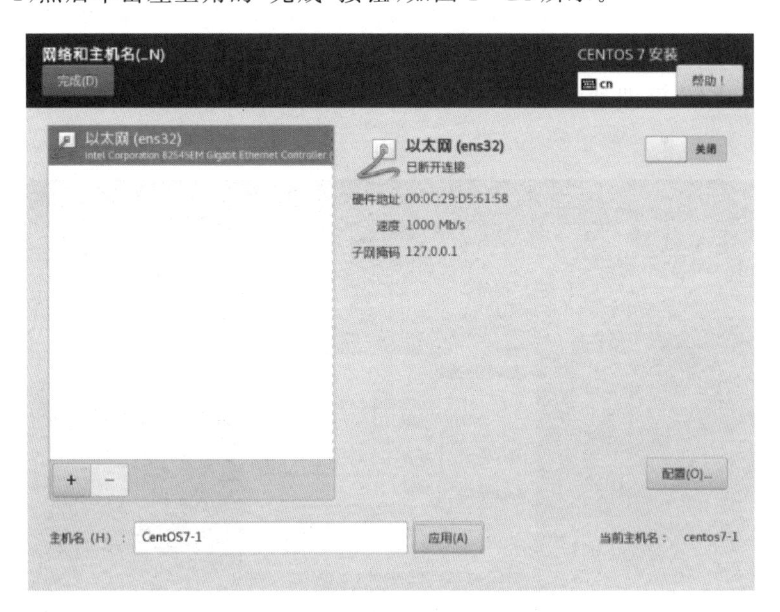

图 1-24　配置网络和主机名

⑥ 返回到 CentOS 7 系统安装主界面，单击“安装位置”选项后，接着单击“我要配置分区”按钮，最后单击左上角的“完成”按钮，如图 1-25 所示。

⑦ 开始配置分区。磁盘分区允许用户将一个磁盘划分成几个单独的部分，每一部分有自己的盘符。在分区之前，首先规划分区，以 20 GB 硬盘为例，做如下规划：/boot 分区大小为

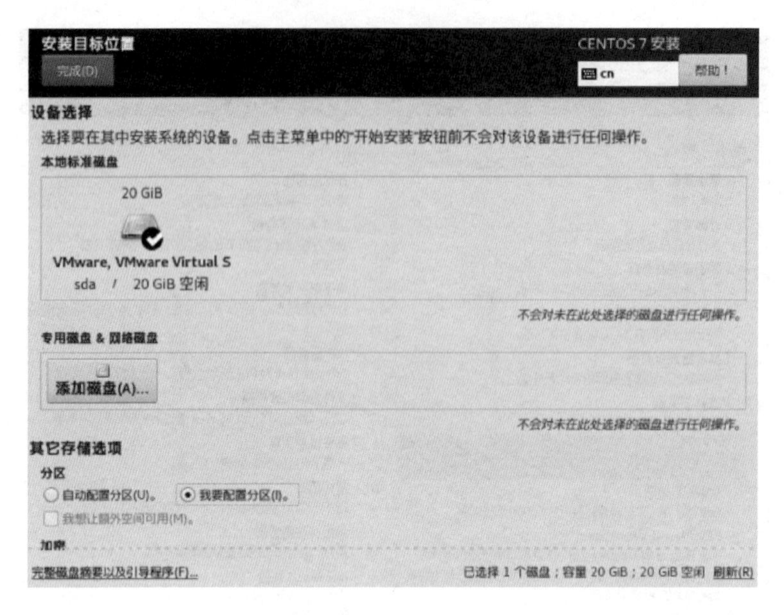

图 1-25　选择"我要配置分区"

300 MB;swap 分区大小为 4 GB;/分区大小为 10 GB;/usr 分区大小为 8GB;/home 分区大小为 8 GB;/var 分区大小为 8 GB;/tmp 分区大小为 1 GB。

下面进行具体分区操作。

a. 创建 boot 分区(启动分区)。在"新挂载点将使用以下分区方案"选中"标准分区"。单击"+"按钮,如图 1-26 所示,选择挂载点为"/boot"(也可以直接输入挂载点),容量大小设置为 300 MB,然后单击"添加挂载点"按钮。在图 1-27 所示的界面中设置文件系统类型为"ext4"。

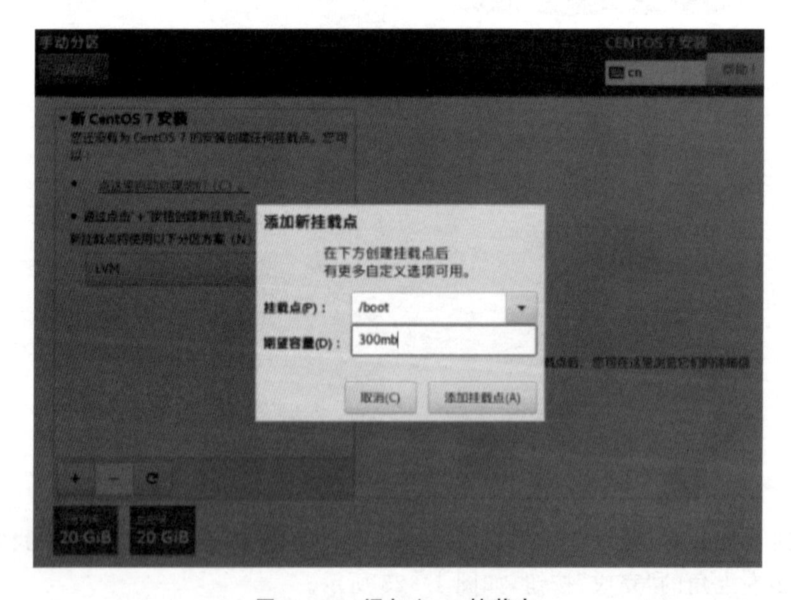

图 1-26　添加/boot 挂载点

图 1－27　设置/boot 挂载点的文件类型

b. 创建交换分区。单击“＋”按钮，创建交换分区。“文件系统”类型中选择“swap”，大小一般设置为物理内存的两倍即可。例如，计算机物理内存大小为 2 GB，设置的 swap 分区大小就是 4096 MB(4 GB)。

注意：什么是 swap 分区？简单地说，swap 就是虚拟内存分区，它类似于 Windows 的 PageFile. sys 页面交换文件，就是当计算机的物理内存不够时，利用硬盘上的指定空间作为后备军来动态扩充内存的大小。

c. 用同样方法创建“/”分区大小为 5 GB，“/usr”分区大小为 4 GB，“/home”分区大小为 4 GB，“/var”分区大小为 4 GB，“/tmp”分区大小为 500 MB。文件系统类型全部设置为“ext4”，设置分区类型全部为“标准分区”。设置完成如图 1－28 所示。

图 1－28　手动分区

d. 单击图 1－28 左上角的“完成”按钮，然后单击“接受更改”按钮完成分区，如图 1－29 所示。

更改摘要

您的自定义更改将产生以下变更，这些变更将会在您返回到主菜单并开始安装时生效：

顺序	操作	类型	设备名称	挂载点
1	销毁格式	Unknown	sda	
2	创建格式	分区表 (MSDOS)	sda	
3	创建设备	partition	sda1	
4	创建设备	partition	sda2	
5	创建格式	physical volume (LVM)	sda2	
6	创建设备	lvmvg	centos_centos7-1	
7	创建设备	lvmlv	centos_centos7-1-usr	
8	创建格式	xfs	centos_centos7-1-usr	/usr
9	创建设备	lvmlv	centos_centos7-1-tmp	
10	创建格式	xfs	centos_centos7-1-tmp	/tmp
11	创建设备	lvmlv	centos_centos7-1-swap	

取消并返回到自定义分区(C)　接受更改(A)

图 1－29　完成分区后的结果

⑧ 返回到安装主界面，如图 1－30 所示，单击“开始安装”按钮后即可看到安装进度。在此处选择“ROOT PASSWORD”，如图 1－31 所示。

图 1－30　CentOS 7 安装主界面

⑨ 设置 root 管理员的密码。若坚持用弱口令密码，则需要单击两次图 1－32 所示界面左上角的“完成”按钮才可以确认。这里需要说明，当在虚拟机中做实验时，密码无所谓强弱，但在生产环境中一定要让 root 管理员的密码足够复杂，否则系统将面临严重的安全问题。

图 1-31　CentOS 7 系统安装界面

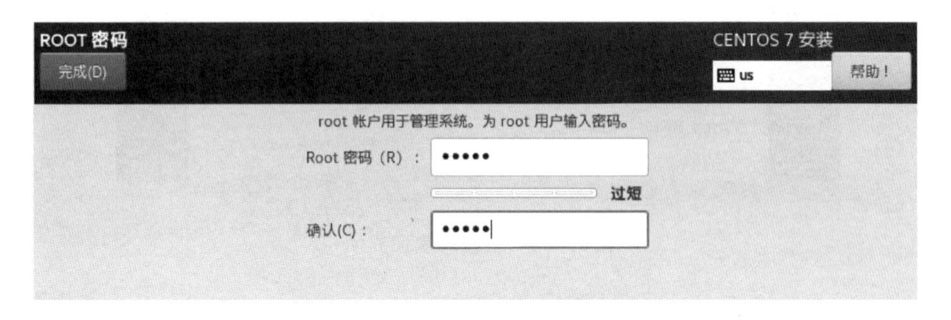

图 1-32　设置 root 管理员的密码

⑩ Linux 系统安装需要 30～60 分钟，用户在安装期间耐心等待即可，安装完成后单击“重启”按钮。

⑪ 重启后将看到系统的初始化界面，单击“LICENSE INFORMATION”选项。

⑫ 选中“我同意许可协议”复选框，然后单击左上角的“完成”按钮。

⑬ 返回到初始化界面后单击“完成配置”选项。

⑭ 虚拟机软件中的 RHEL 7 经过又一次的重启后，终于可以看到系统的欢迎界面。在界面中选择默认的语言汉语(中文)，然后单击“前进”按钮。

⑮ 将系统的键盘布局或输入方式选择为“English”，然后单击“前进”按钮，如图 1-33 所示。

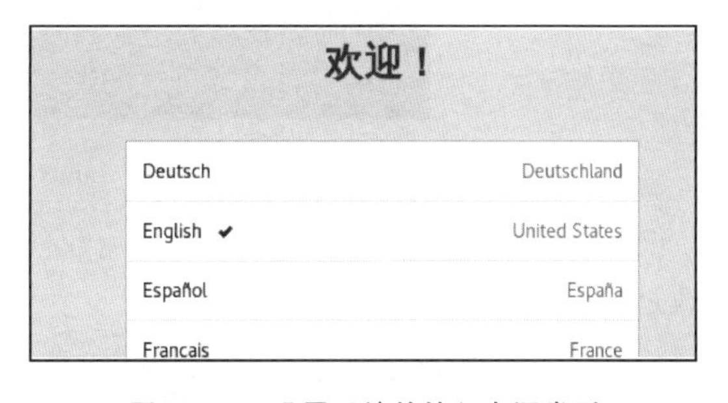

图 1-33　设置系统的输入来源类型

⑯ 设置系统的时区(上海，上海，中国)，然后单击“前进”按钮。

⑰ 为 CentOS 7 系统创建一个本地的普通用户，该账户的用户名为“root”，密码为“admin”，然后单击“前进”按钮。

⑱ 至此，CentOS 7 系统完成了全部的安装和部署工作，如图 1-34 所示。

1.3.2　重置管理员密码

偶尔忘记 Linux 系统的密码并不用慌，只需简单几步就可以完成密码的重置工作。但是，如果您是第一次阅读本书，或者之前没有 Linux 系统的使用经验，请一定先跳过本节，等学习完 Linux 系统的命令后再来学习本节内容。如果您刚刚接手了一台 Linux 系统，要先确定是否为 CentOS 7 系统。如果是，再进行下面的操作。

① 先在空白处单击鼠标右键，单击“打开终端”菜单，然后在打开的终端中输入如下命令：

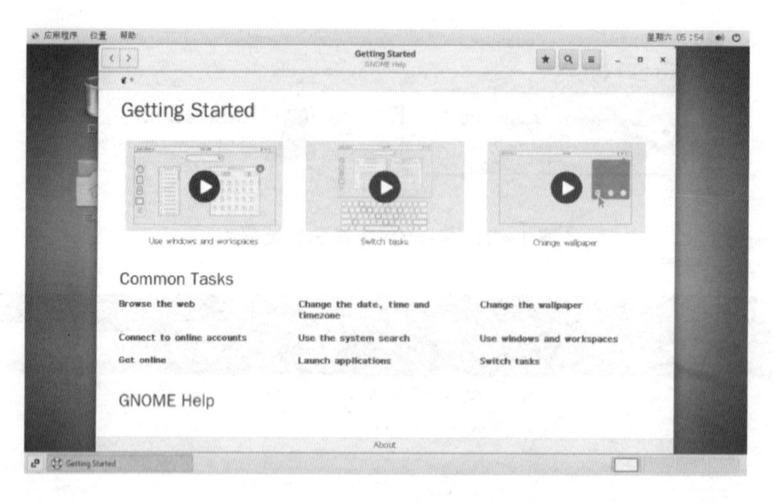

图 1-34　系统的欢迎界面

```
[root@localhost~]# cat /etc/redhat-release
CentOS Linux release 7.9 (Core)
[root@localhost~]#
```

② 在终端输入“reboot”，或者单击右上角的“关机”按钮，选择“重启”按钮，重启 Linux 系统主机并在出现引导界面时，按“e”键进入内核编辑界面，如图 1-35 所示。

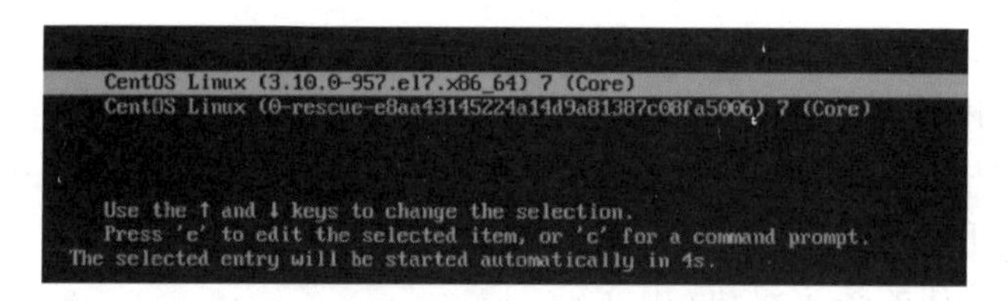

图 1-35　Linux 系统的引导界面

③ 在 Linux16 参数这行的最后面追加“rd. break”参数，然后按下“Ctrl+X”组合键来运行修改过的内核程序，如图 1-36 所示。

```
        insmod ext2
        set root='hd0,msdos1'
        if [ x$feature_platform_search_hint = xy ]; then
          search --no-floppy --fs-uuid --set=root --hint-bios=hd0,msdos1 --hin\
t-efi=hd0,msdos1 --hint-baremetal=ahci0,msdos1 --hint='hd0,msdos1'  bda3add8-d\
4d6-4b59-9d1e-bca664150906
        else
          search --no-floppy --fs-uuid --set=root bda3add8-d4d6-4b59-9d1e-bca6\
64150906
        fi
        linux16 /vmlinuz-3.10.0-693.el17.x86_64 root=/dev/mapper/rhel-root ro c\
rashkernel=auto rd.lvm.lv=rhel/root rd.lvm.lv=rhel/swap rd.lvm.lv=rhel/usr rhg\
b quiet LANG=zh_CN.UTF-8 rd.break
        initrd16 /initramfs-3.10.0-693.el17.x86_64.img

     Press Ctrl-x to start, Ctrl-c for a command prompt or Escape to
     discard edits and return to the menu. Pressing Tab lists
     possible completions.
```

图 1-36　内核信息的编辑界面

④ 大约 30 s 过后，进入系统的紧急救援模式。依次输入以下命令：

```
mount -o remount,rw /sysroot
```

```
chroot /sysroot
passwd
touch /.autorelabel
exit
reboot
```

等待系统重启操作完毕，就可以使用新密码 newredhat 来登录 Linux 系统了。命令行的执行效果如图 1－37 所示。

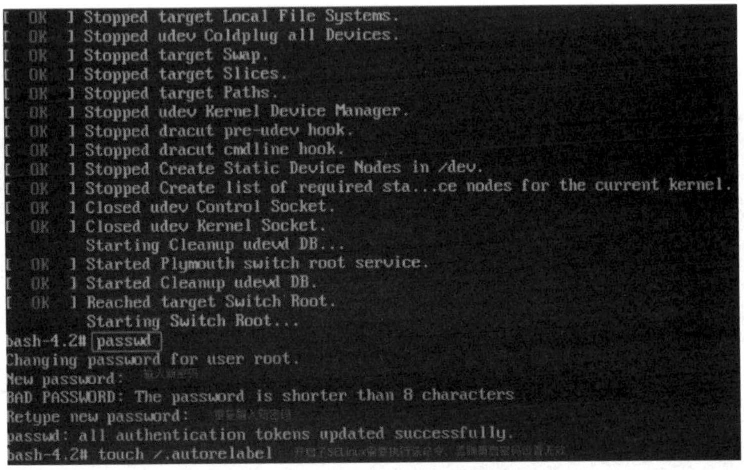

```
[  OK  ] Stopped target Local File Systems.
[  OK  ] Stopped udev Coldplug all Devices.
[  OK  ] Stopped target Swap.
[  OK  ] Stopped target Slices.
[  OK  ] Stopped target Paths.
[  OK  ] Stopped udev Kernel Device Manager.
[  OK  ] Stopped dracut pre-udev hook.
[  OK  ] Stopped dracut cmdline hook.
[  OK  ] Stopped Create Static Device Nodes in /dev.
[  OK  ] Stopped Create list of required sta...ce nodes for the current kernel.
[  OK  ] Closed udev Control Socket.
[  OK  ] Closed udev Kernel Socket.
         Starting Cleanup udevd DB...
[  OK  ] Started Plymouth switch root service.
[  OK  ] Started Cleanup udevd DB.
[  OK  ] Reached target Switch Root.
         Starting Switch Root...
bash-4.2# passwd
Changing password for user root.
New password:
BAD PASSWORD: The password is shorter than 8 characters
Retype new password:
passwd: all authentication tokens updated successfully.
bash-4.2# touch /.autorelabel
```

图 1－37　重置 Linux 系统的 root 管理员密码

注意： 输入 passwd 后，输入密码和确认密码是不显示的！

1.3.3　获得命令帮助

① 当遇到一个比较陌生的命令，又或者想知道这个命令是什么，可以在提示符下输入 type 命令名，来看看系统给出的命令解释。具体如图 1－38 中的三条命令解释，第一个是 type 的命令解释：它是 Shell 的内部命令；第二个是 cp 的命令解释：它是 cp －i 的命令别名；第三个是 ls 的命令解释：它是 ls －－ color＝auto 的命令别名。

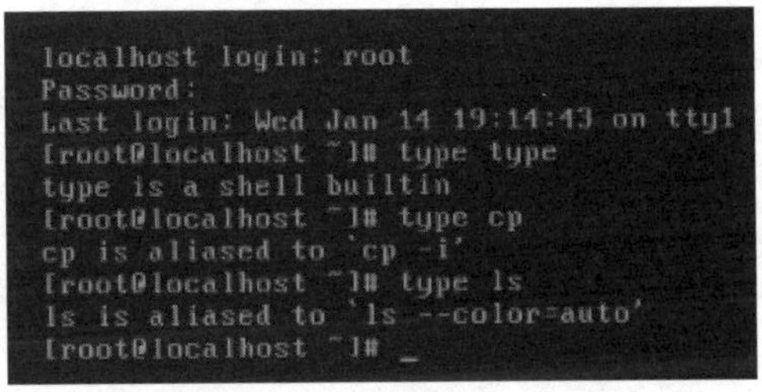

```
localhost login: root
Password:
Last login: Wed Jan 14 19:14:43 on tty1
[root@localhost ~]# type type
type is a shell builtin
[root@localhost ~]# type cp
cp is aliased to `cp -i'
[root@localhost ~]# type ls
ls is aliased to `ls --color=auto'
[root@localhost ~]# _
```

图 1－38　Linux 系统的命令解释

② 如果想知道可执行程序的位置，可以使用命令 which，具体的使用方法是“which 命令名”，图 1－39 中分别使用 which 命令查看了 cp 命令和 ls 命令的具体位置，但是却查询不到 cd 命令的位置，原因是 cd 命令是 Shell 的内部命令，which 查询不到。

③ 如果对该命令的使用方法不清楚，可以使用 help 命令名获得帮助文档。图 1－40 中是

```
[root@localhost ~]# which ls
alias ls='ls --color=auto'
        /bin/ls
[root@localhost ~]# which cp
alias cp='cp -i'
        /bin/cp
[root@localhost ~]# which cd
/usr/bin/which: no cd in (/usr/local/sbin:/usr/local/bin:/sbin:/bin:/usr/sbin:/u
sr/bin:/root/bin)
[root@localhost ~]# _
```

图 1-39　which 命令解释

使用命令 help cd 获得的 cd 命令的帮助文档,可以看出 cd 命令可以包含 L 或者 P 参数,另外还可以有参数“dir”等。

```
cd: cd [-L|-P] [dir]
    Change the shell working directory.

    Change the current directory to DIR.  The default DIR is the value of the
    HOME shell variable.

    The variable CDPATH defines the search path for the directory containing
    DIR.  Alternative directory names in CDPATH are separated by a colon (:).
    A null directory name is the same as the current directory.  If DIR begins
    with a slash (/), then CDPATH is not used.

    If the directory is not found, and the shell option 'cdable_vars' is set,
    the word is assumed to be  a variable name.  If that variable has a value,
    its value is used for DIR.

    Options:
        -L      force symbolic links to be followed
        -P      use the physical directory structure without following symbolic
        links
```

图 1-40　help 命令解释

④ 许多系统下还支持一个-- help 选项,可以查看命令所支持的参数说明,例如希望查看 ls 命令的参数说明,可以使用命令 ls -- help 。图 1-41 中列出了部分 ls 的选项说明,可以看出 ls 命令包含 a、A、b、B 等多种参数,每一种参数都有详细的使用说明。

```
Usage: ls [OPTION]... [FILE]...
List information about the FILEs (the current directory by default).
Sort entries alphabetically if none of -cftuvSUX nor --sort.

Mandatory arguments to long options are mandatory for short options too.
  -a, --all                  do not ignore entries starting with .
  -A, --almost-all           do not list implied . and ..
      --author               with -l, print the author of each file
  -b, --escape               print octal escapes for nongraphic characters
      --block-size=SIZE      use SIZE-byte blocks.  See SIZE format below
  -B, --ignore-backups       do not list implied entries ending with ~
  -c                         with -lt: sort by, and show, ctime (time of last
                               modification of file status information)
                               with -l: show ctime and sort by name
                               otherwise: sort by ctime
  -C                         list entries by columns
      --color[=WHEN]         colorize the output.  WHEN defaults to `always'
                               or can be `never' or `auto'.  More info below
  -d, --directory            list directory entries instead of contents,
                               and do not dereference symbolic links
  -D, --dired                generate output designed for Emacs' dired mode
```

图 1-41　ls -- help 命令解释

1.4 RPM 包管理

在上节中完成了对 CentOS 7 系统的安装并学习了相关命令，虽然使用源代码进行软件编译可以具有客制化的设置，但对于 Linux 的发布商来说，则存在软件管理不易的问题，毕竟不是每个人都会进行源代码编译。如果能够将软件预先在相同的硬件与操作系统上编译好再发布的话，就能够让相同的 distribution 具有完全一致的软件版本。如果再加上简易的安装/移除/管理等机制，对于软件控管就会简易得多。这就是 RPM 与 yum。本节将重点学习 RPM 包(红帽软件包管理器)的管理和 yum 软件仓库的应用及相关命令的使用。

1.4.1 RPM 概述

在 RPM 公布之前，要想在 Linux 系统中安装软件只能采取源码包的方式。早期在 Linux 系统中安装程序是一件非常困难、耗费耐心的事情，而且大多数的服务程序仅仅提供源代码，需要运维人员自行编译代码并解决许多的软件依赖关系，因此要安装好一个服务程序，运维人员需要具备丰富的知识、高超的技能，甚至良好的耐心，而且在安装、升级、卸载服务程序时还要考虑到其他程序、库的依赖关系，所以在进行校验、安装、卸载、查询、升级等管理软件操作时难度都非常大。

RPM 机制则是为解决这些问题而设计的。RPM 有点像 Windows 系统中的控制面板，会建立统一的数据库文件，详细记录软件信息并能够自动分析依赖关系。目前 RPM 的优势已经被公众所认可，使用范围已不局限于红帽系统。表 1-1 所列是一些常用的 RPM 软件包命令，当前不需要记住它们，混个“脸熟”即可。

表 1-1　常用的 RPM 软件包命令

命　令	说　明
rpm -ivh filename.rpm	安装软件
rpm -Uvh filename.rpm	升级软件
rpm -e filename.rpm	卸载软件
rpm -qpi filename.rpm	查询软件描述信息
rpm -qpl filename.rpm	列出软件文件信息
rpm -qf filename	查询文件属于哪个 RPM

1.4.2 yum 软件仓库

尽管 RPM 能够帮助用户查询软件相关的依赖关系，但还是要运维人员自己来解决，而有些大型软件可能与数十个程序都有依赖关系，在这种情况下安装软件会是非常痛苦的。yum 软件仓库便是为了进一步降低软件安装难度和复杂度而设计的。yum 软件仓库可以根据用户的要求分析出所需软件包及其相关的依赖关系，然后自动从服务器下载软件包并安装到系统。yum 软件仓库的技术拓扑如图 1-42 所示。

yum 软件仓库中的 RPM 软件包可以是由红帽官方发布的，也可以是第三方发布的，当然还可以是自己编写的。表 1-2 所列为一些常见的 yum 命令，当前只需对它们有一个简单印象即可。

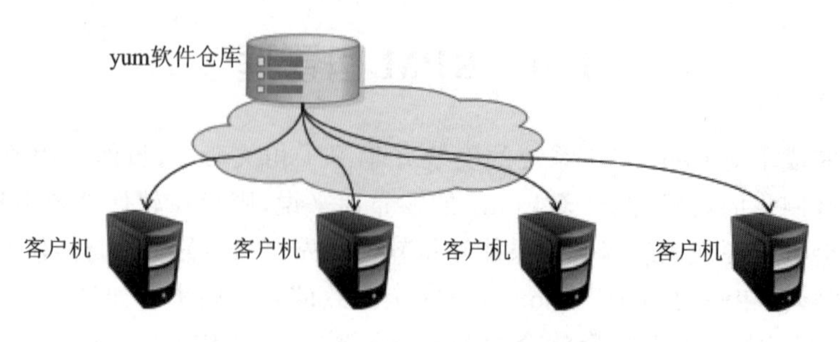

图 1-42　yum 软件仓库的技术拓扑图

表 1-2　常见的 yum 命令

命　令	说　明
yum repolist all	列出所有仓库
yum list all	列出仓库中所有软件包
yum info 软件包名称	查看软件包信息
yum install 软件包名称	安装软件包
yum reinstall 软件包名称	重新安装软件包
yum update 软件包名称	升级软件包
yum remove 软件包名称	移除软件包
yum clean all	清除所有仓库缓存
yum check-update	检查可更新的软件包
yum grouplist	查看系统中已经安装的软件包组
yum groupinstall 软件包组	安装指定的软件包组
yum groupremove 软件包组	移除指定的软件包组
yum groupinfo 软件包组	查询指定的软件包组信息

1.4.3　RPM 命令的使用

1. RPM 包安装

RPM 包安装命令如下(在安装时可能会有很多依赖性问题出现,根据一个个依赖性继续 RPM 安装就可以了):

```
rpm -ivh 包全名
    -i(install)安装
    -v(verbose)显示详细信息
    -h(hash)显示进度
    --nodeps 不检测依赖性
```

举例:

```
[root@localhostPackages]# rpm -ivh httpd-2.4.6-67.el7.centos.x86_64.rpm
```

2. RPM 包升级

过程和安装完全一样。

```
rpm －Uvh 包全名
    －U (upgrade)升级
```

3. RPM 包卸载

```
rpm －e 包名
    －e (erase)卸载
    －－nodeps 不检测依赖性
```

举例：

```
[root@localhostPackages]# rpm －e httpd
错误:依赖检测失败:
    httpd ＝ 2.4.6－67.el7.centos 被 (已安装) httpd－devel－2.4.6－67.el7.centos.x86_64 需要
[root@localhostPackages]# rpm －e httpd－devel
[root@localhostPackages]# rpm －e httpd
```

注：卸载要按照安装依赖性的反向卸载。

4. RPM 包的查询

a. 查询是否安装

```
[root@localhost ～]# rpm －q 包名
#查询包是否安装
    －q       查询(query)

[root@localhost～]# rpm －qa
#查询所有已经安装的 RPM 包
    －a       所有
```

b. 查询软件包的详细信息

```
[root@localhost ～]# rpm －qi 包名
#查询软件包的详细信息
    －i       查询软件信息(information)
```

c. 查询包中文件安装位置

```
[root@localhost ～]# rpm －ql 包名
#查询包中文件安装位置
    －l       列表(list)
```

d. 查询系统文件属于哪个 RPM 包

```
[root@localhost ～]# rpm －qf 系统文件名
    －f       查询系统文件属于哪个 RPM 包(file)
```

e. 查询软件包的依赖性

```
[root@localhost ～]# rpm －qR 包名
    －R       查询软件包的依赖性(requires)
```

1.5 Systemd 初始化

过去只有 rsyslogd 的年代，由于 rsyslogd 必须要开机完成并且执行了 rsyslogd 这个 daemon 之后，登录文件才会开始记录，所以，核心还得要自己产生一个 klogd 的服务才能将系统在开机过程、启动服务过程中的信息记录下来，然后等 rsyslogd 启动后才传送给它来处理。现在有了 Systemd 之后，由于 Systemd 是核心唤醒的，然后又是第一个执行的软件，它可以主动调用 Systemd - journald 来协助记载登录文件，因此在开机过程中的所有信息（包括启动服务与服务启动失败的情况等）都可以直接被记录到 Systemd - journald 中。在上节中学习了 RPM 包的管理及相关命令的应用，本节将重点学习 Systemd 的相关知识及命令。

1.5.1 Systemd 概述和特性

Linux 操作系统的开机过程是这样的，首先从 BIOS 开始，接着进入 Boot Loader，再加载系统内核，然后内核进行初始化，最后启动初始化进程。初始化进程作为 Linux 系统的第一个进程，需要完成 Linux 系统中相关的初始化工作，为用户提供合适的工作环境。红帽 CentOS 7 系统已经替换掉了熟悉的初始化进程服务 System V init，正式采用全新的 Systemd 初始化进程服务。Systemd 初始化进程服务采用了并发启动机制，开机速度得到了很大提升。Systemd 初始化进程服务具有很多新特性和优势，主要为以下 4 点：

① 系统引导时实现服务并行启动：服务间无依赖关系会并行启动。

② 按需激活进程：若服务非立刻使用，不会立刻激活，处于半活动状态，占用端口，用时启动服务。

③ 系统状态快照：回滚到过去某一状态。

④ 基于依赖关系定义服务控制逻辑。

1.5.2 Systemd 的核心概念：unit

Systemd 可以管理所有系统资源，不同资源统称为 unit，unit 由其相关配置文件进行标识、识别和配置；文件中主要包含了系统服务、监听的 socket、保存的快照以及其他与 init 相关的信息。unit 一共分成以下 12 种：

```
Service unit:文件扩展名为.service,用于定义系统服务
Target unit:文件扩展名为.target,用于模拟实现“运行级别”
Device unit:文件扩展名为.device,用于定义内核识别的设备
Mount unit:文件扩展名为.mount,用于实现文件系统挂载点
Socket unit:文件扩展名为.socket,用于标识进程间通信用到的 socket 文件
Snapshot unit:文件扩展名为.snapshot,管理系统快照
Swap unit:文件扩展名为.swap,用于标识 swap 设备
Automount unit:文件扩展名为.automount,文件系统自动挂载设备
Path unit:文件扩展名为.path,用于定义文件系统中的一个文件或目录
Scope unit:不是由 systemd 启动的外部进程
Slice unit:进程组
Timer Unit:定时器
```

1.5.3 Systemd 的单元

Systemd 单元文件的语法来源于 XDG 桌面项配置文件. desktop，最初的源头则是 Microsoft Windows 的. ini 文件。单元文件可以从多个地方加载，systemctl show - property=UnitPath 可以按优先级从低到高显示加载目录。

/usr/lib/systemd/system/：软件包安装的单元；

/etc/systemd/system/：系统管理员安装的单元。

注意： 当 Systemd 运行在用户模式时，使用的加载路径是完全不同的。Systemd 单元名仅能包含 ASCII 字符、下划线和点号以及有特殊意义的字符('@','—')，其他字符需要用 C - style "\x2d" 替换。

1.5.4 Systemd 的目标

运行级别(runlevel)是一个旧的概念。现在，Systemd 引入了一个和运行级别功能相似又不同的概念——目标(target)。不像数字表示的启动级别，每个目标都有名字和独特的功能，并且能同时启用多个。一些目标继承其他目标的服务，并启动新服务。Systemd 提供了一些模仿 Sysvinit 运行级别的目标，仍可以使用旧的 telinit 运行级别命令切换。

1. 获取当前目标

```
$ systemctl list - units -- type = target
```

2. 创建自定义目标

在 Sysvinit 中有明确定义的运行级别(如：0、1、3、5、6)，与 Systemd 中特定的目标存在一一对应的关系。然而，对于用户自定义的运行级别(2、4)却没有。如需要同样功能，建议以原有运行级别所对应的 Systemd 目标为基础，新建一个/etc/systemd/system/<目标名>. target(可参考/usr/lib/systemd/system/graphical. target)，然后创建目录/etc/systemd/system/<目标名>. wants，并向其中加入需启用的服务链接(指向/ur/lib/systemd/system/)。"SysV 运行级别"与"Systemd 目标"对照表如表 1 - 3 所列。

表 1 - 3 "SysV 运行级别"与"Systemd 目标"对照表

SysV 运行级别	Systemd 目标	注　释
0	runlevel0. target，poweroff. target	中断系统(halt)
1，s，single	runlevel1. target，rescue. target	单用户模式
2，4	runlevel2. target，runlevel4. target，multi - user. target	用户自定义运行级别，通常识别为级别 3
3	runlevel3. target，multi - user. target	多用户，无图形界面，用户可以通过终端或网络登录
5	runlevel5. target，graphical. target	多用户，图形界面，继承级别 3 的服务，并启动图形界面服务
6	runlevel6. target，reboot. target	重启
emergency	emergency. target	急救模式(Emergency shell)

3. 切换当前运行目标

在 Systemd 中，运行目标通过"目标单元"访问。通过如下命令切换：

```
# systemctl isolate graphical.target
```

该命令仅更改当前运行目标，对下次启动无影响，这等价于 Sysvinit 中的 telinit 3 或 telinit 5 命令。

1.5.5 Systemd 的基本工具

监视和控制 Systemd 的主要命令是 systemctl。该命令可用于查看系统状态和管理系统及服务。

注意：在 systemctl 参数中添加 - H<用户名>@<主机名>可以实现对其他机器的远程控制。该功能使用 SSH 连接。Plasma 用户可以安装 systemctl 图形前端 systemd - kcmAUR，安装后可以在 System administration 下找到。

1. 分析系统状态

显示系统状态：

```
$ systemctl status
```

输出激活单元：

```
$ systemctl
```

以下命令等效：

```
$ systemctl list - units
```

输出运行失败单元：

```
$ systemctl -- failed
```

所有可用的单元文件存放在 /usr/lib/systemd/system/ 和 /etc/systemd/system/ 目录（后者优先级更高）。查看所有已安装服务：

```
$ systemctl list - unit - files
```

2. 使用单元

一个单元配置文件可以描述如下内容之一：系统服务（. service）、挂载点（. mount）、sockets（. sockets）、系统设备（. device）、交换分区（. swap）、文件路径（. path）、启动目标（. target）、由 Systemd 管理的计时器（. timer）。详情参阅 systemd. unit(5) 。

使用 systemctl 控制单元时，通常需要使用单元文件的全名，包括扩展名（例如 sshd. service），但是有些单元可以在 systemctl 中使用简写方式。

① 如果无扩展名，systemctl 默认把扩展名当作. service，例如 netcfg 和 netcfg. service 是等价的。

② 挂载点会自动转化为相应的. mount 单元，例如/home 等价于 home. mount。

③ 设备会自动转化为相应的. device 单元，所以/dev/sda2 等价于 dev - sda2. device。

立即激活单元：

```
# systemctl start <单元>
```

立即停止单元：

```
# systemctl stop <单元>
```

重启单元：

```
# systemctl restart <单元>
```

命令单元重新读取配置：

```
# systemctl reload <单元>
```

输出单元运行状态：

```
$ systemctl status <单元>
```

检查单元是否配置为自动启动：

```
$ systemctl is-enabled <单元>
```

开机自动激活单元：

```
# systemctl enable <单元>
```

注意：如果服务没有 Install 段落，一般意味着应该通过其他服务自动调用它们。如果真的需要手动安装，可以直接连接服务，如下(将 foo 替换为真实的服务名)：

```
# ln -s /usr/lib/systemd/system/foo.service /etc/systemd/system/graphical.target.wants/
```

取消开机自动激活单元：

```
# systemctl disable <单元>
```

显示单元的手册页(必须由单元文件提供)：

```
# systemctl help <单元>
```

重新载入 systemd，扫描新的或有变动的单元：

```
# systemctl daemon-reload
```

3. 电源管理

安装 polkit 后才能以普通用户身份使用电源管理。如果你正登录在一个本地的 systemd-logind 用户会话，且当前没有其他活动的会话，那么以下命令无需 root 权限即可执行。否则(例如，当前有另一个用户登录在某个 tty)，Systemd 将会自动请求输入 root 密码。

重启：

```
$ systemctl reboot
```

退出系统并停止电源：

```
$ systemctl poweroff
```

待机：

```
$ systemctl suspend
```

休眠：

```
$ systemctl hibernate
```

混合休眠模式(同时休眠到硬盘并待机)：

```
$ systemctl hybrid - sleep
```

1.6 思考与实验

本章从零基础详细讲解了虚拟机软件与 CentOS 系统，完整演示了 VM 虚拟机的安装与配置过程，以及 CentOS 7 系统的安装、配置过程和初始化方法。此外，本章还涵盖了在 Linux 系统中找回 root 管理员密码、RPM 与 yum 软件仓库的知识，以及 CentOS 7 系统中 Systemd 初始化进程的特色与使用方法。

1. 根据本章所学内容进行一个实战练习。

项目背景：某计算机已经安装了 Windows 7/10 操作系统，该计算机的磁盘分区情况如图 1 - 43 所示，要求增加安装 RHEL 7/CentOS 7，并保证原来的 Windows 7/10 仍可使用。

项目分析：要求增加安装 RHEL 7/CentOS 7，并保证原来的 Windows 7/10 仍可使用。从图 1 - 43 可知，此硬盘约有 300 GB，分为 C、D、E 3 个分区。对于此类硬盘比较简便的操作方法是将 E 盘上的数据转移到 C 盘或者 D 盘，而利用 E 盘的硬盘空间来安装 Linux。对于要安装的 Linux 操作系统，需要进行磁盘分区规划，分区规划如图 1 - 44 所示。

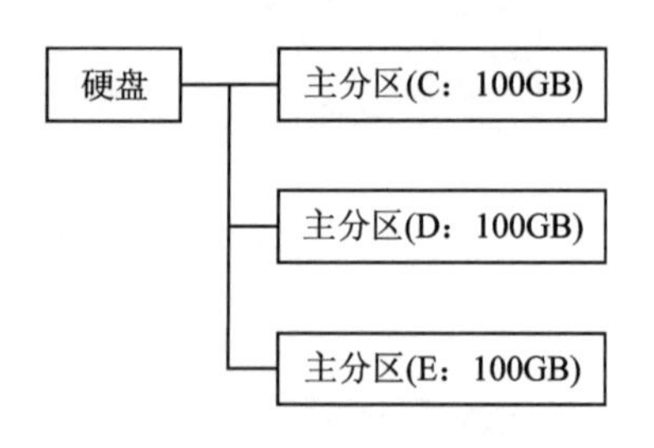

图 1 - 43　Linux 安装硬盘分区

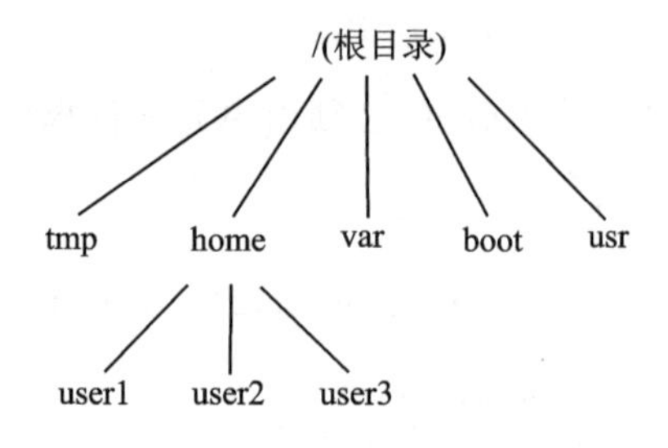

图 1 - 44　Linux 硬盘分区规划

硬盘大小为 100 GB，分区规划如下：
/boot 分区大小为 600 MB。
swap 分区大小为 4 GB。
/分区大小为 10 GB。
/usr 分区大小为 8 GB。
/home 分区大小为 8 GB。
/var 分区大小为 8 GB。
/tmp 分区大小为 6 GB。
预留 55 GB 不进行分区。
深度思考：
① 如何进行双启动安装？

② 分区规划为什么必须要慎之又慎？

③ 安装系统前，对 E 盘是如何处理的？

④ 第一个系统的虚拟内存设置至少多大？为什么？

2. 为什么建议读者校验下载的系统镜像或工具？

3. 使用虚拟机安装 Linux 系统时，为什么要先选择稍后安装操作系统，而不是去选 CentOS 7 系统镜像光盘？

4. RPM（红帽软件包管理器）只有红帽企业系统在使用，对吗？

5. 简述 RPM 与 yum 软件仓库的作用。

6. CentOS 7 系统采用了 Systemd 作为初始化进程，那么如何查看某个服务的运行状态？

第 2 章

Linux 操作基础与磁盘管理

学习目标

- 掌握 Linux 常用的操作命令；
- 掌握目录操作的命令和文件操作的命令；
- 理解系统信息命令和系统管理命令的使用；
- 掌握挂载硬件设备；
- 掌握添加硬件设备；
- 掌握常用的文件处理命令；
- 掌握磁盘管理命令；
- 熟练使用压缩解压命令。

本章主要介绍 Linux 操作基础以及磁盘管理的相关知识，以最常用的 Shell 命令为例说明 Shell 命令的基本功能，再深入介绍通配符、管道、文件压缩等功能。在存储管理中，介绍了文件系统的挂载和卸载、逻辑管理技术等。本章知识比较零散，重点在于介绍常用的 Linux 命令和存储管理的相关知识。在文本模式和终端模式下，经常使用 Linux 命令来查看系统的状态和监视系统的操作，如对文件和目录进行浏览、操作等。在 Linux 较早的版本中，由于不支持图形化操作，用户基本上都是使用命令行方式对系统进行操作，因此掌握常用的 Linux 命令是必要的。

2.1　系统终端

与现在的计算机不同，早期的计算机属于大中型机，是公用产品。由于大中型机的体积庞大，占用较大的位置空间，一般放置在固定地点。那如何操作和控制这些计算机呢？答案就是使用终端设备。终端(Computer Terminal)是计算机系统用来让用户输入数据并显示其计算结果的机器。换句话说，终端就是为主机提供人机接口，为用户和计算机建立沟通的桥梁，每个人都通过终端使用主机的资源。

终端可分为字符终端和图形终端两种模式。字符终端 (Character Terminal) 也叫文本终端 (Text Terminal)，是只能接收和显示文本信息的终端。在字符终端界面中，可以使用 Linux 命令来控制系统完成响应的工作。因为字符终端响应高效，所以通常把字符终端作为服务器与人之间的交互模式。随着技术的进步，图形终端 (Graphical Terminal) 也开始出现在公众的视野中。图形终端不但可以接收和显示文本信息，也可以显示图形与图像。在 Linux 的图形环境下，可以通过鼠标单击来完成所有的管理任务。

由于个人电脑的普及，现在已经很少把专门的计算机终端作为界面了，基本上已经被全功能显示器取代。

2.1.1 Shell 简介

通常来讲，计算机硬件由 5 大部分组成，分别是运算器、控制器、存储器、输入和输出设备，而让各个部件各司其职且又能协同运行的就是系统内核。Linux 系统的内核(Kernel)负责完成对硬件资源的分配、调度等管理任务。由此可见，系统内核对计算机的正常运行来讲极为重要，因此不建议直接编辑内核的参数，而是让用户使用基于系统接口的程序来管理计算机，以满足日常工作需要。在 Linux 系统中，也有一些图形化工具，比如逻辑卷管理器(Logical Volume Manager，LVM)，这样的图形化工具能够减少运维工程师的工作量，降低操作出错率。但是，很多图形化工具本质上也是通过调用脚本来完成相应的工作，它只是为了完成某种特定的工作而设计，缺乏 Linux 命令原有的灵活性及可控性。除此之外，图形化工具相较于 Linux 命令行界面会更加消耗系统资源，因此经验丰富的运维人员甚至都不会给 Linux 系统安装图形界面，开展运维工作时直接通过命令行模式远程连接使用 Linux 系统，这确实是一种高效的做法。

操作系统中的内核管理着整台计算机的硬件，是现代操作系统中最基本的部分。内核处于系统的底层，普通用户直接操作内核可能会造成系统崩溃。那么该如何让普通用户使用操作系统呢？这时就需要一个专门的程序，它能接收用户输入的命令，帮助用户与内核沟通，让内核完成任务。这个提供用户界面的程序叫作 Shell。Shell 也称为终端或壳，是一个命令行工具，它充当的是人与系统内核(硬件)之间的解释器。用户把命令输入到终端，终端会调用相应的程序完成某些工作。Linux 的 Shell 是用 C 语言编写的程序，它是用户使用 Linux 操作系统的桥梁，用户通过 Shell 界面可以使用操作系统内核的服务。Shell、API、内核和硬件之间的关系如图 2－1 所示。

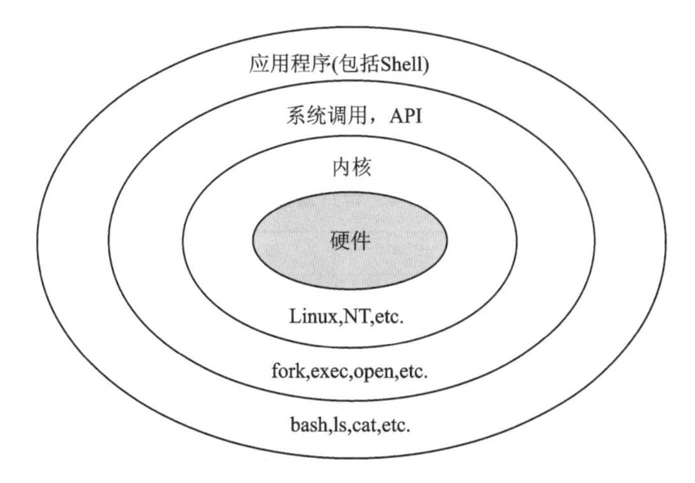

图 2－1　Shell、API、内核和硬件的关系图

2.1.2 命令格式和通配符

Bash(Bourne Again Shell)是 Linux 系统中非常受欢迎的 Shell，那么接下来学习使用 Bash 是非常有必要的。要想准确、高效地完成各种任务，仅依赖于命令本身是不够的，还应该根据实际情况灵活地调整各种命令的参数。常见执行 Linux 命令的格式如下：命令名称 [命

令参数][命令对象]。

命令格式中的[]代表可选项,有些命令不用输入命令参数也可以执行。命令参数是调用命令执行行为的开关,决定了命令的显示结果。命令参数可以用长格式,也可以用短格式。长格式是英文完整单词,一般用“--”调用,短格式是英文的简写,用符号“-”调用。可以用 ls 命令来显示当前文件夹下的文件和目录的名称,若要显示当前文件夹下所有文件和目录,可以使用短格式的命令参数-a,也可使用长格式的命令参数--a,如表 2-1 所列。命令对象是命令处理的对象,通常情况可以是文件名、目录或用户名。命令名称、命令参数、命令对象之间用空格键分隔。

一般生产环境的服务器默认都不会安装图形化界面,习惯了在命令行中工作,因为命令行操作比图形化界面操作更加高效。由于在命令行环境中,不能直观地看到一些文件或目录的名称及其他一些信息,当不记得文件和目录完整的名称或不想输入完整名称时,可使用通配符代替一个或多个字符。Linux 中的通配符是一种特殊语句,用来模糊搜索文件。当查找文件夹时,可以使用它来代替一个或多个真正的字符,使得文件管理更加快速和便捷,大大提升了工作效率。

表 2-1 命令参数的长格式与短格式示例

格 式	示 例
短格式	ls -a
长格式	ls --all

通配符是由 Shell 处理的,它只会出现在命令格式的“命令对象”里。当 Shell 在命令对象中遇到通配符时,会将其当作路径或文件名在磁盘上匹配,符合要求的匹配则进行代换(或称路径扩展),否则就将该通配符作为一个普通字符传递给命令,然后再由命令进行处理。总之,通配符实际上就是一种 Shell 实现的路径扩展功能。在通配符被处理后,Shell 会先完成该命令的重组,然后再继续处理重组后的命令,直至执行该命令。

在 Linux 的通配符中,星号“*”表示匹配 0 个或多个任意字符,问号“?”表示只匹配一个任意字符。中括号“[]”表示匹配括号内的一个字符,当中括号内有减号“—”时,则匹配在编码顺序内的其中一个字符;当中括号内的第一个字符为指数符号“^”时,表示取反。若要匹配字符串,可将其放在大括号“{}”中,多个字符串用逗号“,”分隔。常用的通配符如表 2-2 所列。

表 2-2 常用通配符

符 号	意 义
*	匹配 0 或多个任意字符
?	只匹配一个任意字符
[]	匹配中括号内的一个字符,例如,[abcd] 代表一定有其中一个字符,可能是 a、b、c、d 四个中的任何一个
[—]	当减号“—”在中括号中时,则匹配在编码顺序内的其中一个字符;例如 [0—9] 代表 0 到 9 之间的所有数字,因为 0—9 是按顺序编码的
^	若中括号内的第一个字符为指数符号“^”或“!”,都表示取反,例如[^abc] 表示匹配除 a、b、c 外的一个字符
{str1,str2,str3,…}	匹配大括号中的一个字符串
{..}	表示生成序列,以逗号分隔,且不能有空格

Linux 中的 touch 命令用于修改文件或者目录的时间属性,包括存取时间和更改时间。

若文件不存在，系统会建立一个新的文件。此时在 Documents 目录下使用通配符一次性创建 file0、file1、...、file9。

```
$ cd Documents
$ touch file{0..9}
$ ls
file0   file1   file2   file3   file4   file5   file6   file7   file8   file9
```

使用通配符罗列 file0、file1、file2、file3、file4：

```
$ cd Documents/
ls file[0-5]
file0   file1   file2   file3   file4   file5
```

2.1.3 Shell 变量和 Shell 环境

“变量”一词来源于数学，是计算机语言中存储计算结果或能表示值的抽象概念。按照定义来说，变量是存储设备中的一些可读/写的存储单元，在程序运行过程中它的值允许被改变。在编程语言中变量是必不可少的组成部分，用来存放各种数据，可以通过变量名称访问变量值。

Shell 变量是一种弱变量，可以存放任意的数据类型，比如文本字符串或者数值等。按照变量的作用范围，Shell 变量可分为两类：局部变量和环境变量。局部变量只能在创建它们的 Shell 中使用，而环境变量则可以在创建它们的 Shell 及其派生出来的任意子进程中使用。

Shell 变量的设置有如下规则：

① 变量名称通常由大小写字母、数字和下划线组成，但不能以数字开头，比如变量名可以是 a、A、A1、aA_1、_a1，不能是 2a。注意，变量名区分大小写。

② 通过等号“=”为变量赋值，等号两边不能有空格，比如给变量 a 赋值为：a=1。

③ 变量存储的数据类型是字符串或数值。

④ 给变量赋予字符串时，建议使用引号将其包裹。如果字符串中存在空格，一定要使用单引号或双引号将整个内容包裹，比如 a=“abcd”。注意，单引号里的内容原封不动地输出，双引号里有变量的调用则会调用变量。比如：执行命令 echo ‘$a’.txt，则输出 $a.txt；执行命令 echo “$a”.txt，则输出 abcd.txt。

⑤ 调用变量时，需要在变量名称前加上美元符号“$”，例如，输出变量 a：echo $a。

使用 set 命令可以查看所有的变量。使用 readonly 命令可以把变量变为只读，定义之后不能对变量进行任何更改，如：readonly a。

使用 unset 命令可以删除变量，相当于变量从未定义过，如 unset a。

对 Shell 变量的引用方式很多，用这些方式可以方便地获取 Shell 变量的值、变量值的长度、变量的一个字串、变量被部分替换后的值等。

在 Linux 系统中，环境变量是用来定义系统运行环境的一些参数，比如每个用户不同的家目录（HOME）、邮件存放位置（MAIL）等。值得一提的是，Linux 系统中环境变量的名称一般都是大写的，这是一种约定俗成的规范。

Linux 作为一个多用户多任务的操作系统，能够为每个用户提供独立的、合适的工作运行环境，因此，一个相同的环境变量会因为用户身份的不同而具有不同的值。

临时添加 PATH 环境变量，只能在当前 Shell 下使用，如：

```
echo $PATH                  #输出当前已添加的环境变量
PATH=/home/:$PATH           #添加临时环境变量/home/
echo $PATH
```

以上代码演示结果如下：

```
$ echo $PATH
/usr/local/sbin:/usr/bin:/usr/sbin:/bin/:/sbin:/root/bin
$ PATH=/home/:$PATH
$ echo $PATH
/home/:usr/local/bin:/usr/local/sbin:/usr/bin:/usr/sbin:/bin/:/sbin:/root/bin
```

可以看出，每个环境变量使用冒号“:”分隔。

临时添加的 PATH 环境变量，只允许当前 Shell 使用，若要允许任何 Shell 使用，此时需要使用 export 命令，如 export PATH=$PATH:/home/xf。

永久添加环境变量需要将变量写入到配置文件，其中/etc/profile 是系统全局变量和登录系统的一些配置，可以通过 vim 命令编辑/etc/profile 文件，如 vim/etc/profile，然后在文件的最后一行加上：

```
export PATH= $PATH:/home/
```

Shell 编程与 JavaScript、PHP 编程一样，需要一个能编写代码的文本编辑器和一个能解释执行的脚本解释器。在第 2.1.1 小节谈到，Shell 是一个程序，可以称之为壳程序，是用户与操作系统进行交互的工具。Shell 有很多种，如 Bourne Again Shell(bash)、C Shell(csh)和 Korn Shell(ksh)等。

大多数 Linux 系统默认使用 bash，bash 是 Bourne Shell 的一个免费版本，它是最早的 UNIX Shell。bash 还有一个特点是可以通过 help 命令来查看帮助，所包含的功能几乎可以涵盖 Shell 所具有的功能，所以一般的 Shell 脚本都会指定它为执行路径。

主流 Linux 系统选择 bash 解释器作为命令行终端，主要有 4 种优势：

① 可以通过上下方向键来调取以前执行过的 Linux 命令；

② 命令或参数仅需输入前几位就可以用 Tab 键补全；

③ 具有强大的批处理脚本；

④ 具有实用的环境变量功能。

C Shell 使用的是“类 C”语法，csh 是具有 C 语言风格的一种 Shell，其内部命令有 52 个，较为庞大。目前使用的并不多，已经被/bin/tcsh 所取代。

Korn Shell 的语法与 Bourne Shell 相同，同时具备了 C Shell 的易用特点。许多安装脚本都使用 ksh，ksh 有 42 条内部命令，与 bash 相比有一定的限制性。

2.1.4 几种提高工作效率的方法

在 Linux 下工作，接触最多的就是文件，毕竟在 Linux 中一切工作皆文件。Linux 也为用户提供了多种用于处理文件的命令，合理使用这些命令可以大大节省用户的时间，提高工作效率。

(1) 寻找文件的技巧

在查找文件时,首先想到的肯定是 find 命令,但是如果搜索的路径范围比较大,花费的时间会比较多,find 命令就不是最优的方式了。

使用 ls 快速找到近期更新的文件。比如,如何找到昨天离开电脑前调用的脚本?很简单,使用 ls 命令并加上 - ltr 选项。最后一个列出的将是最近创建或更新的文件。命令如下:

```
$ ls - ltr ~/bin | tail - 3
- rwx ------1 shsshs    229 Sep 22 19:37 checkCPU
- rwx ------1 shsshs    285 Sep 22 19:37 ff
- rwxrw - r --  1 shsshs   1629 Sep 22 19:37 test2
```

如果想要查找的文件可能不在当前目录中,那么 find 将比 ls 更加灵活强大。但是,find 命令的输出结果可能会比较多,可以使用它的一些选项来过滤掉自己不想要的结果。比如,在下面的命令中,不搜索以点开头的目录(即隐藏目录),指定要查找的是文件而不是目录,并要求仅显示最近一天更新过的文件。命令如下:

```
$ find . - not - path &apos; * /\. * &apos; - type f - mtime - 1 ls - l
- rwxrw - r - -    1 shsshs        683 Sep 23 11:00 ./newscript
```

注意: - not 选项反转了 - path 的行为,因此不会搜索以点开头的子目录。

如果只想查找最大的文件和目录,那么可以使用类似 du 这样的命令,它会按大小列出当前目录的内容。然后,再将输出的内容通过管道传输到 tail 命令,仅查看最大的几个。命令如下:

```
$ du - kx | egrep - v "\./. + /" | sort - n | tail - 5
918984       ./reports
1053980      ./notes
1217932      ./.cache
31470204     ./photos
39771212     .
```

- k 选项让 du 以块列出文件大小,而 x 可防止其遍历其他文件系统上的目录(例如,通过符号链接引用)。命令运行后,du 命令会先列出文件大小,然后再调用 sort - n 来按照大小排序。

(2) 统计文件数量的技巧

使用 find 命令可以方便快捷地计数任何特定目录中的文件。不过要注意的是,find 会递归到子目录中,并将这些子目录中的文件与当前目录中的文件一起计数。比如,实现计数一个特定用户(alvin)的主目录中的文件,可以先用 find 命令找到文件,再用 wc 命令进行统计。命令如下:

```
$ find /home/alvin - type f 2>/dev/null | wc - l
35624
```

将 find 命令的错误输出发送到 /dev/null,为了避免搜索类似~/. cache 这类无法搜索的文件夹,必要时可以使用- maxdepth 1 选项将 find 搜索范围限制在单个目录中,或者也可以将其设置为搜索的深度,命令如下:

```
$ find /home/alvin -maxdepth 1 -type f | wc -l
387
```

(3) 文件重命名的技巧

使用 mv 命令可以重命名一个文件，但若想重命名大量文件，并且不想花费大量时间，要怎么操作呢？这个时候就需要 rename 命令了。例如，要将当前目录下所有文件的文件名中含有空格的全部更改为下划线，可以使用如下命令：

```
$ rename 's/ /_/g' *
```

命令行中的 g 代表全局。这就意味着该命令会将文件名中的所有空格更改为下划线，而不仅仅是第一个。若想把文本的文件删除掉 .txt 扩展名，可以使用如下命令：

```
$ rename 's/.txt//g' *
```

2.1.5 进一步使用 Shell

对于刚接触 Shell 的人来说，入门难度较大，但是学会之后将受益匪浅。为什么要学习 Shell 呢？X Window 还有 Web 接口的设置工具，例如 Webmin 可以帮助用户很简易地设置好主机，甚至是一些进阶的设置都可以搞定。但是 X Window 与 Web 接口的工具，虽然它的接口友好、功能强大，但毕竟只是一组将所有利用到的软件都整合在一起的应用程序而已，并非一个完整的套件。所以某些时候当升级或者是使用其他套件管理模块（例如 tarball 而非 RPM 文件等）时，就会造成设置的困扰，甚至不同的 distributions 所设计的 X Window 接口也都不相同，这样也造成学习方面的困扰。而命令行的 Shell 就不存在类似的问题，几乎各家 distributions 使用的 bash 都是一样的，这样用户就能够轻轻松松地转换不同的 distributions。

在远端管理中，命令行的速度比较快，效率高。Linux 的管理常常需要通过远端连线，而连线时命令行的传输速度一定比较快，并且不容易出现断线或者信息外流的问题。因此，Shell 真的是要学习的一项工具，而且多接触一些文字模式的工具可以帮助用户更深入了解 Linux。

如果想管理好主机，就需要良好的 Shell 程序。例如，如果主机数量不到 10 部，并且每部主机都要花上几十分钟查阅登录文件的信息以及相关的信息，那么就会非常低效，假如能够借由 Shell 提供的数据流重导向以及管线命令，则用户在十分钟之内就可以看完所有的重要信息了！

Linux 使用的是哪一个 Shell 呢？在早年的 UNIX 年代，发展者众多，所以 Shell 依据发展者的不同就有许多的版本。例如常听到的 Bourne Shell、在 Sun 中默认的 C Shell、商业上常用的 Korn Shell，还有 tcsh 等，每一种 Shell 都各有其特点。Linux 使用的这一种版本就称为 Bourne Again Shell（简称 bash），这个 Shell 是 Bourne Shell 的增强版本，也是基于 GNU 架构发展而来的。

注意：由于 Linux 为 C 语言撰写的，很多程序设计师使用 C 语言来开发软件，因此 C Shell 相对就比较热门。另外，Sun 公司的创始人就是 Bill Joy，而 BSD 最早就是 Bill Joy 开发的。

那么目前 Linux（以 CentOS 7.x 为例）有多少可以使用的 Shell 呢？可以检查/etc/Shells 这个文件，至少有下面这几个可以用的 Shell：/bin/sh（已经被/bin/bash 所取代）；/bin/bash

(就是 Linux 默认的 Shell);/bin/tcsh(整合 C Shell,提供更多的功能);/bin/csh(已经被/bin/tcsh 所取代)。

Linux 默认使用 bash,系统上合法的 Shell 要写入/etc/Shells 这个文件,是因为系统某些服务在运行过程中会去检查使用者能够使用的 Shell,而这些 Shell 的查询就是借助/etc/Shells 这个文件。

举例来说,某些 FTP 网站会去检查使用者的可用 Shell,而如果你只允许这些使用者使用 FTP 的资源时,可能会给予该使用者一些 Shell,让使用者无法以其他服务登录主机。那么你就需要将那些 Shell 写到/etc/Shells 当中了。CentOS 7. x 的/etc/Shells 中就有一个/sbin/nologin 文件,这个就是 Shell。

那么,用户什么时候可以获取 Shell 来工作呢? 以及使用者默认会取得哪一个 Shell 呢? 当用户登录时,系统就会自动给用户一个 Shell 来工作,而这个登录取得的 Shell 就记录在/etc/passwd 这个文件中,该文件的内容如下:

```
$ cat /etc/passwd
root:x:0:0:root:/root:/bin/bash
bin:x:1:1:bin:/bin:/sbin/nologin
daemon:x:2:2:daemon:/sbin:/sbin/nologin
......
```

在每一行的最后一个数据,就是用户登录后可以取得的默认 Shell 了,同时也会看到 root 是/bin/bash。

2.2 Linux 常用操作命令

在 Linux 中,常用命令进行操作,它跟 Windows 操作系统的图形图像化界面操作方式不同,所以需要学习常见的指令。

2.2.1 Linux 命令的基本特点

在掌握了一定的基础理论知识后,接下来要熟悉 Linux 指令。通过两三条指令搭配一些参数,并通过管道重定向连接的方式组合起来就可以解决一个显示问题。但 Linux 下指令很多,全部掌握显然不现实,并且对于有不同需要的 Linux 用户,需要掌握的 Linux 指令范围也相差甚大,那么对于 Linux 初学者来说,需要掌握哪些基本的指令工具呢?

Linux 下工具繁多,指令近乎上万,堪比一门语言的词汇量。所幸 Linux 下的指令都是由一些英文单词或者几个单词的缩写拼接而成,方便根据字面意思理解其功能。但是具体用法只能参看使用手册,毕竟大多数指令得配合适当的参数才能准确完美地工作。Linux 下指令的特点总结如下:

① 指令格式:$ command [options] [arguments]。其中,选项(options)和参数(arguments)都是可选的,但具有完全不同的意义。选项指定这条指令的执行方式,一个工具(或者说一个命令)通常有多重运行方式,可以在多重环境下运行,指令选项的作用就是指令以何种方式来运行。而参数是指令操作的字符串所代表的数据源,可以是文件、目录、ip 地址、设备名等任何对象,但通常参数应是具有实际意义的字符串。在这里,命令、选项/参数、操作对象

之间都应使用空格分隔。例如 ls -a 命令可以显示当前目录中所有文件及目录，若执行 ls-a 命令，系统提示未找到命令。

选项可以是减号“-”和一个英文字符或者数字组成的字符串，比如-r、-1、-R 等；也可以是由两个减号开始加一个单词组成的长选项，如--help、--version 等；还可以是没有减号的单个字符，比如 tar 指令的选项就可以不加“-”，但这种情况比较少见；更少见的情况是用加号“+”表示关闭某个选项。至此，可以把指令的选项理解为某种开关，“-”号表示打开这个开关，而“+”则相反，表示关闭这个开关。这里说的还是一般情况，具体情况还需具体对待，比如对于 chmod 指令，加号“+”的意义显然就不是关闭某个开关这样的意思了。

② 字符选项可以合并。当一条指令需要很多选项，且这些选项并不要求其后紧跟参数时，通常可以将这些选项合并在一起，只保留一个前导的减号“-”，代码如下：

```
$ command -a -b -c -d filename          #等价于下面的
$ command -abcd filename                #实际上这种形式更常见
```

③ 有些指令的某些选项会要求紧跟其后带有一个特定的参数。比如选项 f 通常要求在后面紧跟一个文件名作为参数，比如使用 tar 解压一个 tar 包的指令如下：

```
$ tar -xf tarpackage.tar          # 在当前目录下打开 tar 包 tarpackage.tar
```

注意：选项 f 放在了选项 x 的后边，且其后紧跟文件名，并且将选项 x 和 f 合在了一起，另外选项前导的减号“-”对于 tar 指令来说是可以忽略的。

④ 分隔符很重要。通常指令名、选项以及参数之间的分隔符(默认通常是空白符)是不可省略的。对于有些指令，选项和参数之间的空白符则是可有可无的。还有些指令会要求它的某些选项与其后的参数紧连在一起，之间不能有分隔符。比如对于 cut 指令的 d 选项，后面要求跟着一个字符或字符串作为分割符(串)参数，通常会用引号把这个参数引起来，选项 d 和这个分隔符参数之间的空白符就是可有可无的。代码如下：

```
$ cut -d ':' -f 2 /etc/passwd      #等价于下面的
$ cut -d':' -f2 /etc/passwd
```

上面 cut 指令的选项 f 也可以这么操作，它指出把第几个域 cut 出来。

选项与其后参数之间不能有分隔符的一个例子，登录 mysql 服务器时通过选项 p 加密码，代码如下：

```
$ mysql -u root -p123456
```

当然，这里表示本地登录，注意选项 p 和其后的密码之间不能有空白符。

有关分隔符的另一个需要注意的例子是 dd 指令，这个指令通常被用来建立一个文件，它的选项是不带前导符号“--”的单词，例如：

```
$ dd if=/dev/zero of=swapfile bs=4k count=256
```

这里 if、of、bs、count 都是 dd 指令的选项，都要求其后紧跟参数，选项与参数之间以等号“=”间隔。Linux 下这种特例不多，大部分的指令遵循指令格式。

⑤ Linux 系统中严格区分大小写，包括执行的命令和系统中的文件名。例如 ls 命令可以显示当前目录中所有的目录，若执行 LS 命令，系统提示未找到命令。

⑥ 在命令行中，可以使用Tab键实现"命令补全"与"文件补齐"的功能，并且使用Tab键可以避免打错命令或文件名。例如想输入mkdir这个命令，在命令行中输入mkd，再按两次Tab键，所有以mkd为开头的命令都会显示出来，这样就可以防止命令输错了。

⑦ 利用向上或向下方向键，可以查看曾经执行过的历史命令和执行过的命令。

⑧ 如果要在一个命令行上输入和执行多条命令，可以使用分号来分隔命令，如"cd /var ; ls"可以实现进入var目录，并ls查看var目录中的内容。

⑨ 断开一个长命令，可以使用反斜杠"\"将较长的命令分成多行表达，增强命令的可读性。执行后，Shell自动显示提示符">"，表示正在输入一个长命令，此时可继续在新行上输入命令的后续部分。

⑩ 如果输入了错误的命令或参数，或者这个命令或程序一直在不停地执行，此时如果你想让当前程序停止，可以使用Ctrl+C键终止当前的程序。

2.2.2 文件目录操作命令

以下是系统中常用的处理目录的指令：cd、pwd、mkdir、rmdir。下面来详细介绍这些指令。

(1) cd（变换目录）

假设fish这个用户的目录是/home/fish/，而root目录则是/root/，假设以root身份在Linux系统中，那么简单地说明一下这几个特殊目录的意义。

```
$ cd ~
#表示回到自己的家目录，即/root这个目录
$ cd ~fish
#代表去到fish这个用户的家目录，即/home/fish
$ cd ..
#表示去到目前的上层目录，即/root的上层目录的意思
$ cd /var/spool/mail
#这个就是绝对路径的写法，直接指定要去的完整路径名称
$ cd../postfix
```

cd是Change Directory的缩写，这是用来变换工作目录的指令。注意，目录名称与cd指令之间存在一个空格。登录Linux系统后，每个账号都会在自己账号的家目录中。那回到上一层目录可以使用命令cd..。利用相对路径的写法必须要确认目前的路径才能正确地切换到目标目录。例如上表当中最后一个例子，必须要确认你是在/var/spool/mail当中，并且知道在/var/spool当中有个mqueue的目录才可以，这样才能使用cd ../postfix去到正确的目录，否则就要直接输入cd /var/spool/postfix。

(2) pwd（显示当前目录）

```
$ pwd [-P]
```

选项与参数：

-P：显示出确切的路径，而非使用链接（link）路径。

pwd是Print Working Directory的缩写，也就是显示目前所在目录的指令，例如在上个表格最后的目录是/var/mail，但是提示字符仅显示mail。若找目前所在的目录，可以输入pwd

即可。此外由于很多套件所使用的目录名称都相同，例如/usr/local/etc 还有/etc，但是通常 Linux 仅列出最后面那一个目录，这时就可以使用 pwd 来知道你的所在目录，以免混淆目录。示例如下：

```
$ pwd
/root/test              #输出结果
```

(3) mkdir（建立新目录）

```
$ mkdir [-mp]目录名称
```

选项与参数：

-m：配置文件案的权限；

-p：帮助用户将所需要的目录(包含上层目录)递归建立起来。

如果想要建立新的目录，可以使用 mkdir 命令。不过在预设的情况下，你所需要的目录需要一层一层地建立。例如，要建立一个目录为/home/bird/testing/test1，首先必须要有/home，然后/home/bird，最后/home/bird/testing 都必须要存在，才可以建立/home/bird/testing/test1 这个目录。假如没有/home/bird/testing，就没有办法建立 test1 的目录。示例如下：

```
$ mkdir runoob          #新建子目录
```

(4) rmdir（删除空的目录）

```
$ rmdir [-p]目录名称
```

选项与参数：

-p：连同上层空的目录也一起删除。

如果想要删除旧有的目录，可以使用 rmdir 命令。例如，将刚刚建立的 test 删除，使用 rmdir test 命令即可。注意：目录需要一层一层地删除，而且被删除的目录中不能存在其他的目录或文件。如果要将所有目录下的东西都删除，可以使用 rm -r test 命令，也可以使用 rmdir。尝试以-p 的选项加入，来删除上层的目录。示例如下：

```
$ rmdir AAA          #在当前目录中，将 AAA 子目录删除
```

2.2.3 文本操作命令

本小节将讲解几条用于查看文本文件内容的命令。

(1) cat 命令

cat 命令用于查看纯文本文件(内容较少的)，格式为“cat [选项] [文件]”。Linux 系统中有多个用于查看文本内容的命令，每个命令都有自己的特点，比如 cat 命令用于查看内容较少的纯文本文件。

如果在查看文本内容同时还显示行号，可以在 cat 命令后面追加一个-n 参数，示例如下：

```
$ cat -n initial-setup-ks.cfg
1 #version=RHEL7
2 # X Window System configuration information
```

```
3 xconfig --startxonboot
4
5 # License agreement
6 eula --agreed
7 # System authorization information
………………省略部分输出信息………………
```

(2) more 命令

more 命令用于查看纯文本文件(内容较多的),格式为“more[选项]文件”。

如果需要阅读篇幅比较长的文件,推荐使用 more 命令来查看。more 命令会在最下面使用百分比的形式来提示已经阅读了多少内容,还可以使用空格键或回车键向下翻页。

(3) head 命令

head 命令用于查看纯文本文档的前 N 行,格式为“head[选项][文件]”。

在阅读文本内容时,如果只想查看文本中前 20 行的内容,可以使用 head 命令,如:head -n 20 initial-setup-ks.cfg。

(4) tail 命令

tail 命令用于查看纯文本文档的后 N 行或持续刷新内容,格式为“tail [选项] [文件]”。

比如要查看文本内容的最后 20 行,只需要执行“tail -n 20 文件名”命令就可以达到这样的效果。tail 命令最强悍的功能是可以持续刷新一个文件的内容,比如实时查看最新日志文件时,命令格式为“tail -f 文件名”。

2.2.4 输入/输出和管道命令

前面几小节已经学习了一些常用的 Linux 命令,接下来还需要把多个 Linux 命令适当地组合到一起,使其协同工作,以便更加高效地处理数据。要做到这一点,就必须理解命令的输入重定向和输出重定向原理。

输入重定向是指把文件导入到命令中,而输出重定向则是指把原本要输出到屏幕的数据信息写入到指定文件中。在日常的学习和工作中,相较于输入重定向,使用输出重定向的频率更高,所以又将输出重定向分为标准输出重定向和错误输出重定向两种不同的技术,以及清空写入与追加写入两种模式。

① 标准输入重定向(STDIN,文件描述符为 0):默认从键盘输入,也可从其他文件或命令中输入。

② 标准输出重定向(STDOUT,文件描述符为 1):默认输出到屏幕。

③ 错误输出重定向(STDERR,文件描述符为 2):默认输出到屏幕。

比如分别查看两个文件的属性信息,代码如下:

```
$ touch Linuxprobe
$ ls -l Linuxprobe
-rw-r--r--. 1 root root 0 Aug 5 05:35 Linuxprobe
$ ls -l xxxxxx
ls: cannot access xxxxxx: No such file or directory
```

通过以上案例可以发现,若文件存在,则输出信息是该文件的一些相关权限、所有者、所属组、文件大小及修改时间等信息。若文件不存在，则显示的报错提示信息也是该命令的错误输出信息。那么，要想把原本输出到屏幕上的数据转而写入到文件当中，就要区别对待这两种输出信息。

对于输入重定向来讲，用到的符号及其作用如表 2-3 所列。

表 2-3 输入重定向中用到的符号及其作用

符　号	作　用
命令<文件	将文件作为命令的标准输入
命令<<分界符	从标准输入中读入，直到遇见分界符才停止
命令<文件 1>文件 2	将文件 1 作为命令的标准输入并将标准输出到文件 2

对于输出重定向来讲，用到的符号及其作用如表 2-4 所列。

表 2-4 输出重定向中用到的符号及其作用

符　号	作　用
命令>文件	将标准输出重定向到一个文件中(清空原有文件的数据)
命令 2>文件	将错误输出重定向到一个文件中(清空原有文件的数据)
命令>>文件	将标准输出重定向到一个文件中(追加到原有内容的后面)
命令 2>>文件	将错误输出重定向到一个文件中(追加到原有内容的后面)
命令>>文件 2>&1 或命令 &>>文件	将标准输出与错误输出共同写入到文件中(追加到原有内容的后面)

对于重定向中的标准输出模式，可以省略文件描述符 1 不写，而错误输出模式的文件描述符 2 是不可缺省的。例如，通过标准输出重定向将 man bash 命令原本要输出到屏幕的信息写入文件 readme. txt 中，然后显示 readme. txt 文件中的内容。具体命令如下：

```
$ man bash > readme.txt
$ cat readme.txt
BASH(1) General Commands Manual BASH(1)
NAME
bash - GNU Bourne-Again Shell
SYNOPSIS
bash [options] [file]
………………省略部分输出信息………………
```

接下来介绍输出重定向技术中的覆盖写入与追加写入这两种不同模式带来的变化。首先通过覆盖写入模式向 readme. txt 文件写入一行数据(该文件中包含上一个实验的 man 命令信息)，然后再通过追加写入模式向文件再写入一次数据，其命令如下：

```
$ echo "Welcome to LinuxProbe.Com" > readme.txt
$ echo "Quality Linux learning materials" >> readme.txt
```

在执行 cat 命令之后，可以看到如下文件内容：

```
$ cat readme.txt
```

```
Welcome to LinuxProbe.Com
Quality Linux learning materials
```

同时按下键盘上的“Shift”+“\”键即可输入管道符，其执行格式为“命令 A|命令 B”。命令符的作用也可以用一句话来概括：把前一个命令原本要输出到屏幕的数据当作是后一个命令的标准输入。在学完本小节内容后，完全可以把下面这两条命令合并为一条：

① 找出被限制登录用户的命令是 grep "/sbin/nologin" /etc/passwd；

② 统计文本行数的命令是 wc -l。

现在要做的就是把搜索命令的输出值传递给统计命令，即把原本要输出到屏幕的用户信息列表再交给 wc 命令作进一步加工，因此只需要把管道符放到两条命令之间即可，具体如下：

```
$ grep "/sbin/nologin" /etc/passwd | wc -l
33
```

在修改用户密码时，通常都需要输入两次密码进行确认，这在编写自动化脚本时将成为一个非常致命的缺陷。通过把管道符和 passwd 命令的--stdin 参数相结合，可以用一条命令来完成密码重置操作：

```
$ echo "Linuxprobe" | passwd --stdin root
Changing password for user root.
passwd: all authentication tokens updated successfully.
```

2.2.5 打包和压缩命令

如果一个文件太大，会导致无法作为附件来发送邮件，也会出现存储媒介空间不足的情况。要解决这个问题，就需要用到文件压缩的相关技术。经过压缩后，可以使文件容量降低，从而达到节省磁盘空间的目的。

在 Linux 环境中，压缩文件的扩展名大多是：*.tar、*.tar.gz、*.tgz、*.gz、*.Z、*.bz2 和 *.xz。这是因为 Linux 支持的压缩指令非常多，且不同的指令所用的压缩技术不相同。所以，当你下载某个压缩文件时，需要知道该文件是由哪种压缩指令制作出来的，以便进行解压缩。表 2-5 列出了几种常见的压缩文件扩展名。

表 2-5 常见的压缩文件扩展名

文件扩展名	说　明
*.Z	compress 程序压缩的文件
*.zip	zip 程序压缩的文件
*.gz	gzip 程序压缩的文件
*.bz2	bzip2 程序压缩的文件
*.xz	xz 程序压缩的文件
*.tar	tar 程序打包的数据，并没有压缩过
*.tar.gz	tar 程序打包的文件，并且经过 gzip 的压缩

续表 2-5

文件扩展名	说　明
*.tar.bz2	tar 程序打包的文件，并且经过 bzip2 的压缩
*.tar.xz	tar 程序打包的文件，并且经过 xz 的压缩

Linux 中常见的压缩指令就是 gzip、bzip2 以及最新的 xz，compress 已经退出流行了。为了支持 Windows 常见的 zip，Linux 早已有了 zip 指令，gzip 是由 GNU 计划所开发出来的压缩指令，该指令已经取代了 compress。后来 GNU 又开发出 bzip2 及 xz 这几个压缩比更好的压缩指令，不过这些指令通常仅能针对一个文件来压缩与解压缩。为了解决这个问题，就产生了 tar 打包软件，tar 打包软件可以将很多文件打包成为一个文件。不过，单纯的 tar 功能仅是打包而已，事实上它并没有提供压缩的功能。后来，在 GNU 计划中，将整个 tar 与压缩的功能结合在一起，提供使用者压缩与打包功能。接下来介绍 Linux 中基本的压缩指令 gzip 和 tar。

gzip 是应用非常广泛的压缩指令，目前 gzip 可以解开 compress、zip 与 gzip 等软件所压缩的文件。gzip 所建立的压缩文件为 *.gz，下面是这个指令的语法格式：

```
$ zcat 档名.gz
```

选项与参数：

-c：将压缩的数据输出到屏幕上，可透过数据流重导向来处理；

-d：解压缩的参数；

-t：可以用来检验一个压缩文件的一致性，看看文件有无错误；

-v：可以显示出原文件/压缩文件的压缩比等信息；

-#：# 为数字的意思，代表压缩等级，-1 为最快，但是压缩比最差、-9 为最慢，但是压缩比最好，预设是-6。

需要注意的是，当使用 gzip 进行压缩时，在预设的状态下原本的文件会被压缩成为.gz 的档名，源文件就不再存在了。示例如下：

```
$ cd /tmp
$ cp /etc/services .
$ gzip -v services
services: 79.7% -- replaced with services.gz
```

tar 可以将多个目录或文件打包成一个大文件，同时还可以透过 gzip/bzip2/xz 的支持将该文件同时进行压缩。由于 tar 的使用太广泛了，目前 Windows 的 WinRAR 也支持.tar 和.gz 档名的解压缩。

tar 的选项与参数非常多，以下是几个常用的选项：

```
$ tar [-z|-j|-J] [cv] [-f 待建立的新档名] filename...
$ tar [-z|-j|-J] [tv] [-f 既有的 tar 档名]
$ tar [-z|-j|-J] [xv] [-f 既有的 tar 档名] [-C 目录]
```

其实最简单的是使用 tar，只要按照以下方式进行记忆即可：

① 压缩：tar -jcv -f filename.tar.bz2 要被压缩的文件或目录名称。

② 查询：tar -jtv -f filename.tar.bz2。

③ 解压缩：tar -jxv -f filename.tar.bz2 -C 要解压缩的目录。

2.2.6 信息显示命令

(1) uname 命令

uname 命令用于显示操作系统相关信息，格式：uname [OPTION]...。示例如下：

```
$ uname -m
x86_64
```

(2) hostname 命令

hostname 命令用于显示或者设置当前系统的主机名，格式：hostname [选项] [hostname]。示例如下：

```
$ hostname
localhost.localdomain
```

(3) dmesg 命令

dmesg 命令用于打印或控制内核缓冲区(显示开机信息，用于诊断系统故障)，格式：dmesg [OPTION]。示例如下：

```
$ dmesg
```

(4) uptime 命令

uptime 命令用于显示系统运行时间及负载，说明系统运行了多长时间，格式：uptime [OPTION]。示例如下：

```
$ uptime -s
2021-01-05 17:15:04
```

(5) stat 命令

stat 命令用于显示文件或文件系统的状态，格式：stat [OPTION]。示例如下：

```
stat 1.txt              # 显示 1.txt 文件的信息
```

(6) du 命令

du 命令用于计算磁盘空间使用情况，格式：du [OPTION]... [FILE]...。示例如下：

```
$ du
28   .
```

(7) df 命令

df 命令用于报告文件系统磁盘空间的使用情况，格式：df [OPTION]...。示例如下：

```
df -i          # 显示 inode 的使用情况
df -h          # 显示 block 使用情况
```

(8) top 命令

top 命令用于实时显示系统资源使用情况，格式：top [-] [d] [p] [q] [c] [C] [S] [s] [n]。参数：

d:指定每两次屏幕信息刷新之间的时间间隔,当然用户可以使用 s 交互命令来改变之;

p:通过指定监控进程 ID 来仅仅监控某个进程的状态;

q:该选项将使 top 没有任何延迟地进行刷新,如果调用程序有超级用户权限,那么 top 将以尽可能高的优先级运行;

c:显示整个命令行而不只是显示命令名;

S:指定累计模式;

s:使 top 命令在安全模式中运行,这将去除交互命令所带来的潜在危险。

示例如下:

```
$ top
top - 11:47:08 up 4 min,  2 users,  load average: 0.01, 0.04, 0.03
Tasks: 132 total,   1 running, 131 sleeping,   0 stopped,   0 zombie
%Cpu(s):   0.0/0.1     0[                                          ]
KiB Mem :  1863032 total,  1480556 free,   231344 used,   151132 buff/cache
KiB Swap:  2097148 total,  2097148 free,          0 used,   1480080 avail Mem

   PID USER   PR  NI    VIRT    RES    SHR S  %CPU  %MEM   TIME+  COMMAND
    63 root   20   0       0      0      0 S   0.3   0.0  0:00.62 kworker/0:2
   433 root   20   0       0      0      0 S   0.3   0.0  0:00.20 xfsaild/dm-0
   727 root   20   0  264968   4868   3744 S   0.3   0.3  0:00.66 vmtoolsd
  1635 root   20   0  162088   2256   1580 R   0.3   0.1  0:00.09 top
     1 root   20   0  128016   6644   4156 S   0.0   0.4  0:01.97 systemd
     2 root   20   0       0      0      0 S   0.0   0.0  0:00.01 kthreadd
     3 root   20   0       0      0      0 S   0.0   0.0  0:00.00 kworker/0:0
```

(9) free 命令

free 命令用于查看系统内存,格式:free [OPTION]。

示例如下:

```
$ free -m
           total      used      free      shared   buff/cache    available
Mem:       972        187       652        7          132           645
Swap:      2047       0         2047
```

(10) date 命令

date 命令用于显示与设置系统时间,格式:date [OPTION]... [+FORMAT]。

```
date [-u|-utc|-universal] [MMDDhhmm[[CC]YY][.ss]]
```

参数:

-d<字符串>:显示字符串所指的日期与时间,字符串前后必须加上双引号;

-s<字符串>:根据字符串来设置日期与时间,字符串前后必须加上双引号。

示例如下:

```
#格式化输出日期
$ date +"%Y-%m-%d"
```

```
2021 - 01 - 05
```

（11）cal 命令

cal 命令用于查看日历等时间信息，格式：cal [options] [[[day] month] year]。

示例如下：

```
$ cal
       January 2021
Su  Mo  Tu  We  Th  Fr  Sa
1   2
3   4   5   6   7   8   9
10  11  12  13  14  15  16
17  18  19  20  21  22  23
24  25  26  27  28  29  30
31
```

2.3 存储管理与磁盘分区

在学习 Linux 的过程中，安装是每一个初学者的第一个门槛。在这个过程中，最大的困难莫过于给磁盘进行分区，以及后期如何对磁盘进行管理等，本节就介绍存储管理和磁盘分区的相关知识。

2.3.1 Linux 目录结构

Linux 的文件系统采用级层式的树状目录结构，在此结构中最上层是根目录“/”，此目录下再创建其他的目录。可以说，在 Linux 世界里，一切皆文件。

Linux 系统中的文件存储结构如图 2 - 2 所示。在 Linux 系统中，目录、字符设备、块设备、套接字、打印机等都被抽象成了文件，在 Windows 操作系统中，若要找一个文件，需要依次进入该文件所在的磁盘根目录，然后再进入该磁盘下的具体目录，最终找到这个文件。但是在 Linux 系统中，一切文件都是从根(/)目录开始，并按照文件系统层次化标准(FHS)采用树形结构来存放文件，以及定义常见目录的用途。另外，Linux 系统中的文件和目录名称是严格区分大小写的，例如，root、rOOt、Root、rooT 均代表不同的目录，并且文件名称中不得包含斜杠(/)。

FHS(Filesystem Hierarchy Standard)即文件系统层次结构标准，多数 Linux 版本采用这种文件组织形式，FHS 定义了系统中每个区域的用途、所需要的最小构成的文件和目录，同时还给出了例外处理与矛盾处理。FHS 定义了两层规范：第一层是“/”下面的各个目录应该要放什么文件数据，例如/etc 应该放置设置文件，/bin 与/sbin 则应该放置可执行文件等；第二层则是针对/usr 及/var 这两个目录的子目录来定义，例如/var/log 放置系统登录文件、/usr/share 放置共享数据等。在 Linux 系统中，最常见的目录以及所对应的存放内容如表 2 - 6 所列。

在 Linux 系统中还有一个重要的概念—路径。路径指的是如何定位到某个文件，分为绝对路径与相对路径。绝对路径指的是从根目录(/)开始写起的文件或目录名称，而相对路径则指的是相对于当前路径的写法。

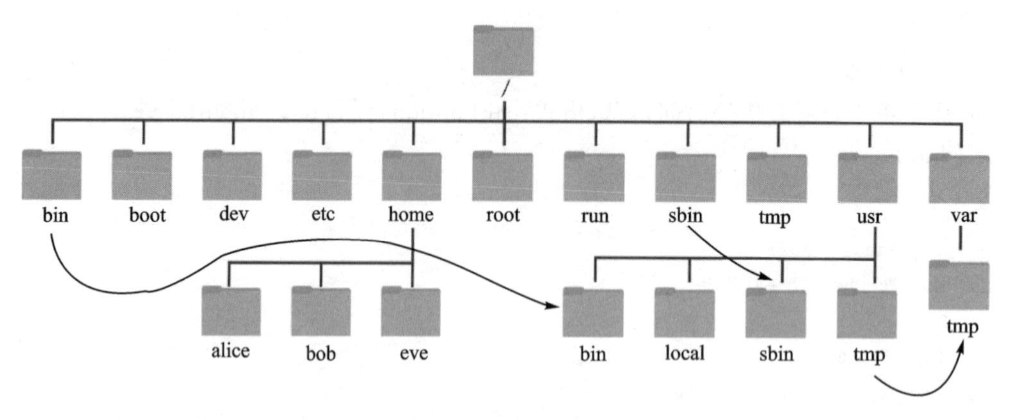

图 2-2　Linux 系统中的文件存储结构

表 2-6　Linux 系统中常见的目录名称以及相应内容

目录名称	应放置文件的内容
/boot	开机所需文件—内核、开机菜单以及所需配置文件等
/dev	以文件形式存放任何设备与接口
/etc	配置文件
/home	用户家目录
/bin	存放单用户模式下还可以操作的命令
/lib	开机时用到的函数库，以及/bin 与/sbin 下面的命令要调用的函数
/sbin	开机过程中需要的命令
/media	用于挂载设备文件的目录
/opt	放置第三方的软件
/root	系统管理员的家目录
/srv	一些网络服务的数据文件目录
/tmp	任何人均可使用的"共享"临时目录
/proc	虚拟文件系统，例如系统内核、进程、外部设备及网络状态等
/usr/local	用户自行安装的软件
/usr/sbin Linux	系统开机时不会使用到的软件/命令/脚本
/usr/share	帮助与说明文件，也可放置共享文件
/var	主要存放经常变化的文件，如日志
/lost+found	当文件系统发生错误时，将一些丢失的文件片段存放在这里

2.3.2　存储管理工具简介

Linux 下的存储管理工具主要指的是磁盘管理，即查看磁盘的信息(如大小、使用量、挂载点等)、对磁盘进行分区、对磁盘中的某个分区格式化、检查或者修复磁盘中的某个分区等。对于一个系统管理者(root)而言，磁盘的管理是相当重要的一环，如果想要在系统里面新增一块硬盘，可以通过以下几方面完成：

① 对磁盘进行分割，以创建可用的 partition。

② 对该 partition 进行格式化（format），以创建系统可用的 filesystem。

③ 若想要仔细一点，则可对刚刚创建好的 filesystem 进行检验。

④ 在 Linux 系统中，需要创建挂载点（即目录），并将其挂载上来。

Linux 磁盘管理的好坏直接关系到整个系统的性能，Linux 磁盘管理常用命令包括 df、fdisk、mkfs、fsck、mount 和 umount，其中 fdisk 和 mkfs 将在下一小节进行详细描述。

（1）df

df 命令参数用来检查文件系统的磁盘空间占用情况，利用该命令可以获取硬盘被占用了多少空间，目前还剩下多少空间等信息。

语法：df[-ahikHTm][目录或文件名]。

选项与参数：

- -a：列出所有的文件系统，包括系统特有的/proc 等文件系统；
- -h：以人们较易阅读的 GBytes、MBytes、KBytes 等格式自行显示；
- -i：不用硬盘容量，而以 inode 的数量来显示；
- -k：以 KBytes 的容量显示各文件系统；
- -H：以 M=1 000K 取代 M=1 024K 的进位方式；
- -T：显示文件系统类型，连同该 partition 的 filesystem 名称（例如 ext3）也列出；
- -m：以 MBytes 的容量显示各文件系统。

例 2-1：将系统内所有的文件系统列出来：

```
$ df
Filesystem      1K-blocks   Used    Available Use% Mounted on
/dev/hdc2         9920624   3823112   5585444  41% /
/dev/hdc3         4956316    141376   4559108   4% /home
/dev/hdc1          101086     11126     84741  12% /boot
tmpfs              371332         0    371332   0% /dev/shm
```

在 Linux 中，如果 df 没有加任何选项，那么默认将系统内所有的分区（不含特殊内存中的文件系统与 swap）都以 1 KBytes 的容量列出来。

（2）fsck

fsck（file system check）用来检查和维护不一致的文件系统。若系统掉电或磁盘发生问题，可利用 fsck 命令对文件系统进行检查。

语法：fsck [-t 文件系统] [-ACay] 装置名称。

选项与参数：

- -t：给定档案系统的类型式，若在/etc/fstab 中已有定义或 kernel 本身已支援的，则不需加此参数；
- -s：依序执行 fsck 的指令来检查；
- -A：对/etc/fstab 中所有列出来的分区（partition）做检查；
- -C：显示完整的检查进度；
- -d：打印出 e2fsck 的 debug 结果；
- -p：同时有-A 条件时，同时有多个 fsck 的检查一起执行；

- -R:同时有-A 条件时,省略/不检查;
- -V:详细显示模式;
- -a:若检查有错,则自动修复;
- -r:若检查有错,则由使用者回答是否修复;
- -y:选项指定检测每个文件是否自动输入 yes,在不确定哪些是不正常的时候,可以执行# fsck -y 全部检查修复。

例 2-2:查看有多少文件系统支持的 fsck 命令:

```
$ fsck[tab][tab]
fsckfsck.cramfs  fsck.ext2    fsck.ext3     fsck.msdosfsck.vfat
```

(3) mount/umount

Linux 的磁盘挂载使用 mount 命令,卸载使用 umount 命令。

磁盘挂载语法:

```
mount [-t 文件系统] [-L Label 名] [-o 额外选项] [-n]装置文件名挂载点
```

例 2-3:用默认的方式将刚刚创建的/dev/hdc6 挂载到/mnt/hdc6 上面:

```
$ mkdir /mnt/hdc6
$ mount /dev/hdc6 /mnt/hdc6
$ df
Filesystem            1K-blocks     Used Available Use% Mounted on
....................
/dev/hdc6               1976312     42072   1833836    3% /mnt/hdc6
```

磁盘卸载命令 umount 语法:

```
umount [-fn]装置文件名或挂载点
```

选项与参数:

- -f:强制卸载! 可用在类似网络文件系统 (NFS) 无法读取到的情况下;
- -n:不升级/etc/mtab 情况下卸载。

卸载/dev/hdc6,示例如下:

```
$ umount /dev/hdc6
```

2.3.3 磁盘及分区

磁盘是计算机主要的存储介质,可以存储大量的二进制数据,并且断电后也能保持数据不丢失。早期计算机使用的磁盘是软磁盘(Floppy Disk,简称软盘),如今常用的磁盘是硬磁盘(Hard disk,简称硬盘)。

Linux 磁盘分区主要分为基本分区(primary partition)和扩充分区(extension partition)两种,基本分区和扩充分区的数目之和不能大于 4 个,且基本分区可以马上被使用但不能再分区。扩充分区必须再进行分区后才能使用,也就是说它必须还要进行二次分区。在 Linux 中,每一个硬件设备都映射到一个系统的文件,对于硬盘、光驱等 IDE 或 SCSI 设备也不例外。

Linux 把各种 IDE 设备分配了一个由 hd 前缀组成的文件，而对于各种 SCSI 设备，则分配了一个由 sd 前缀组成的文件。

磁盘由盘片、机械手臂、磁头、主轴马达组成，而数据的写入主要是在盘片上面，盘片上又细分为扇区与柱面两种单位，扇区每个为 512 Bytes，其中磁盘的第一个扇区特别重要，因为磁盘的第一个扇区记录了两个重要的信息：

① 主引导分区(BMR)：可以安装引导加载程序的地方，有 446 Bytes。

② 分区表：记录整块硬盘分区的状态，有 66 Bytes。

磁道：图 2－3 中硬盘被一圈圈分成 18 等分的同心圆，这些同心圆就是磁道，但打开硬盘，用户不能看到这些，它实际上是被磁头磁化的同心圆，这些磁道是有间隔的，因为磁化单元太近会产生干扰。

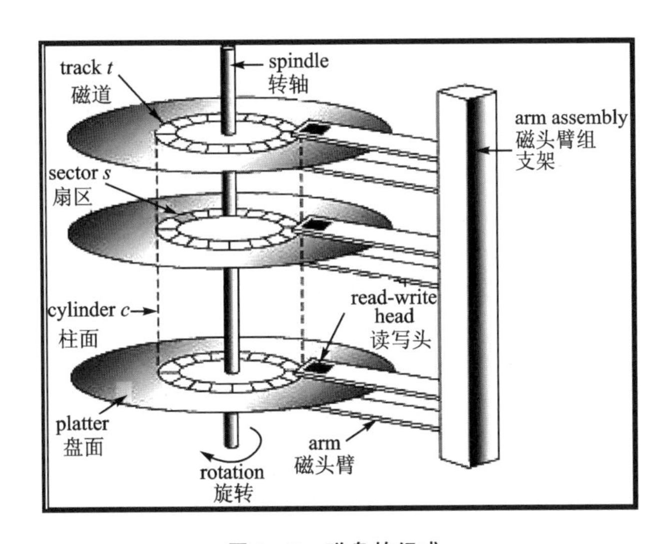

图 2－3　磁盘的组成

扇区：每个磁道中被分成若干等份的区域，扇区是硬盘数据存储的最小单位。

柱面：假如一个硬盘只有 3 个磁盘片，每一片中的磁道数是相等的，从外圈开始，这些磁道被分成了 0 磁道、1 磁道、2 磁道…，具有相同磁道编号的同心圆组成面就称作柱面，为了便于理解，柱面可以看作没有底的铁桶，从图 2－3 可以看出，柱面数就是磁盘上的磁道数，柱面是硬盘分区的最小单位，因此，一个硬盘的容量＝柱面 * 磁头 * 扇区 * 512。

簇：扇区是硬盘数据存储的最小单位，但操作系统无法对数目众多的扇区进行寻址，所以操作系统就将相邻的扇区组合在一起，形成一个簇，然后再对簇进行管理，每个簇可以包括 2、4、8、16、32、64 个扇区。

Linux 磁盘管理常用命令为 fdisk 和 mkfs。fdisk 命令用于磁盘分区，mkfs 命令用于磁盘格式化。

(1) fdisk

fdisk 是 Linux 的磁盘分区表操作工具，它默认采用 MBR 分区结构，因此适用于小分区，但是较新的 fdisk 工具也支持建立 GPT 等其他类型的分区结构。

语法：fdisk [-l]装置名称。

选项与参数：

- -l：输出后面接的装置所有的分区内容。若仅有 fdisk -l 时，则系统将会把整个系统内能够搜寻到的装置的分区均列出来。

例 2-4：列出所有分区信息，示例如下：

```
$ fdisk -l
Disk /dev/xvda: 21.5 GB, 21474836480 bytes
255 heads, 63 sectors/track, 2610 cylinders
Units = cylinders of 16065 * 512 = 8225280 bytes
Sector size (logical/physical): 512 bytes / 512 bytes
I/O size (minimum/optimal): 512 bytes / 512 bytes
Disk identifier: 0x00000000

Device Boot          Start        End      Blocks    Id    System
/dev/xvda1    *          1       2550    20480000    83    Linux
/dev/xvda2            2550       2611      490496    82    Linux swap / Solaris

Disk /dev/xvdb: 21.5 GB, 21474836480 bytes
255 heads, 63 sectors/track, 2610 cylinders
Units = cylinders of 16065 * 512 = 8225280 bytes
Sector size (logical/physical): 512 bytes / 512 bytes
I/O size (minimum/optimal): 512 bytes / 512 bytes
Disk identifier: 0x56f40944

Device Boot          Start        End      Blocks    Id    System
/dev/xvdb2               1       2610   20964793+    83    Linux
```

例 2-5：找出系统中的根目录所在磁盘，并查阅该硬盘内的相关信息，示例如下：

```
$ df /
Filesystem          1K-blocks      Used Available Use% Mounted on
/dev/hdc2             9920624   3823168   5585388  41% /
$ fdisk /dev/hdc<== 注意不要加上数字!
The number of cylinders for this disk is set to 5005.
There is nothing wrong with that, but this is larger than 1024,
and could in certain setups cause problems with:
1) software that runs at boot time (e.g., old versions of LILO)
2) booting and partitioning software from other OSs
   (e.g., DOS FDISK, OS/2 FDISK)
Command (m for help):       <== 等待你的输入!
```

离开 fdisk 时按下 q，那么所有的动作都不会生效。相反的，按下 w 就是动作生效的意思。

```
Command (m for help): p  <== 这里可以输出目前磁盘的状态

Disk /dev/hdc: 41.1 GB, 41174138880 bytes          <== 这个磁盘的文件名与容量
255 heads, 63 sectors/track, 5005 cylinders        <== 磁头、扇区与磁柱大小
```

```
Units = cylinders of 16065 * 512 = 8225280 bytes  <== 每个磁柱的大小

Device Boot   Start    End     Blocks      Id   System
/dev/hdc1  *  1        13      104391      83   Linux
/dev/hdc2     14       1288    10241437 +  83   Linux
/dev/hdc3     1289     1925    5116702 +   83   Linux
/dev/hdc4     1926     5005    24740100    5    Extended
/dev/hdc5     1926     2052    1020096     82   Linux swap / Solaris
Command (m for help): q
```

若实现离开时不进行存储，则可以按 q，切记不要随便按 w。

使用 p 可以列出目前这个磁盘的分割表信息，信息的上半部分显示整体磁盘的状态。

(2) mkfs

磁盘分割完毕后就要进行文件系统的格式化，格式化的命令非常简单，使用 mkfs(make file system)命令即可。

语法：mkfs [-t 文件系统格式] 装置文件名。

选项与参数：

- -t：可以接文件系统格式，例如 ext3、ext2、vfat 等(系统有支持才会生效)。

例 2-6：查看 mkfs 支持的文件格式，示例如下：

```
$ mkfs[tab][tab]
mkfsmkfs.cramfs  mkfs.ext2   mkfs.ext3   mkfs.msdosmkfs.vfat
```

按下两个[tab]，会发现 mkfs 支持的文件格式如上所示。

例 2-7：将分区/dev/hdc6(可指定你自己的分区)格式化为 ext3 文件系统。

```
$ mkfs -t ext3 /dev/hdc6
mke2fs 1.39 (29-May-2006)
Filesystem label =                  <== 这里指的是分割槽的名称(label)
OS type: Linux
Block size = 4096 (log = 2)         <== block 的大小配置为 4K
Fragment size = 4096 (log = 2)
251392 inodes, 502023 blocks        <== 由此配置决定的 inode/block 数量
25101 blocks (5.00%) reserved for the super user
First data block = 0
Maximum filesystem blocks = 515899392
16 block groups
32768 blocks per group, 32768 fragments per group
15712 inodes per group
Superblock backups stored on blocks:
        32768, 98304, 163840, 229376, 294912

Writing inodetables: done
Creating journal (8192 blocks): done <== 有日志记录
Writing superblocks and filesystem accounting information: done
This filesystem will be automatically checked every 34 mounts or
```

```
180 days, whichever comes first.  Use tune2fs -c or -i to override.
#这样就创建了所需要的 ext3 文件系统
```

2.3.4 创建和挂装文件系统

用户在硬件存储设备中执行的文件建立、写入、读取、修改、转存与控制等操作都是依靠文件系统来完成的。文件系统的作用是合理规划硬盘，以保证用户正常的使用需求。Linux 系统支持数十种文件系统，而最常见的文件系统如下：

① Ext3：是一款日志文件系统，能够在系统异常宕机时避免文件系统资料丢失，并能自动修复数据的不一致与错误。然而，当硬盘容量较大时，所需的修复时间也会很长，而且也不能百分之百地保证资料不会丢失。它会把整个磁盘的每个写入动作的细节都预先记录下来，以便在发生异常宕机后能回溯追踪到被中断的部分，然后尝试进行修复。

② Ext4：Ext3 的改进版本，作为 RHEL6 系统中的默认文件管理系统，它支持的存储容量高达 1 EB(1 EB=1 073 741 824 GB)，且能够有无限多的子目录。另外，Ext4 文件系统能够批量分配 block 块，极大地提高了读/写效率。

③ XFS：是一种高性能的日志文件系统，而且是 RHEL7 中默认的文件管理系统，它的优势在发生意外宕机后尤其明显，不但可以快速地恢复可能被破坏的文件，而且强大的日志功能只用花费极低的计算和存储性能，并且它最大可支持的存储容量为 18 EB，这几乎满足了所有需求。

RHEL7 系统中一个比较大的变化就是使用了 XFS 作为文件系统，这不同于 RHEL6 使用的 Ext4。一方面，XFS 在性能方面比 Ext4 有所提升，另一方面，XFS 文件系统可以支持高达 18 EB 的存储容量。

因为日常在硬盘需要保存的数据比较多，因此 Linux 系统中有一个名为 super block 的“硬盘地图”，但并不是把文件内容直接写入这个“硬盘地图”里面，而是在里面记录着整个文件系统的信息。Linux 把每个文件的权限与属性记录在 inode 中，而且每个文件占用一个独立的 inode 表格，该表格的大小默认为 128 字节，里面记录着如下信息：

① 该文件的访问权限(read、write、execute)；

② 该文件的所有者与所属组(owner、group)；

③ 该文件的大小(size)；

④ 该文件的创建或内容修改时间(ctime)；

⑤ 该文件的最后一次访问时间(atime)；

⑥ 该文件的修改时间(mtime)；

⑦ 该文件的特殊权限(SUID、SGID、SBIT)；

⑧ 该文件的真实数据地址(point)。

而文件的实际内容则保存在 block 块中(大小可以是 1 KB、2 KB 或 4 KB)，一个 inode 的默认大小仅为 128 B(Ext3)，记录一个 block 则消耗 4 B。当文件的 inode 被写满后，Linux 系统会自动分配出一个 block 块，专门用于像 inode 那样记录其他 block 块的信息，把各个 block 块的内容串到一起，方便用户读取完整的文件内容。对于存储文件内容的 block 块，有下面两种常见情况(以 4 KB 的 block 大小为例进行说明)：

情况 1：文件很小(1 KB)，但依然会占用一个 block，因此会潜在地浪费 3 KB。

情况 2：文件很大(5 KB)，那么会占用两个 block(5 KB－4 KB 后剩下的 1 KB 也要占用一个 block)。

计算机系统在发展过程中产生了众多的文件系统，为了使用户在读取或写入文件时不用关心底层的硬盘结构，Linux 内核中的软件层为用户程序提供了一个 VFS(Virtual File System，虚拟文件系统)接口，这样用户实际上在操作文件时就是统一对这个虚拟文件系统进行操作。图 2－4 所示为 VFS 的架构示意图。从中可见，实际文件系统在 VFS 下隐藏了自己的特性和细节，这样用户在日常使用时会觉得“文件系统都是一样的”，也就可以随意使用各种命令在任何文件系统中进行各种操作了(比如使用 cp 命令来复制文件)。

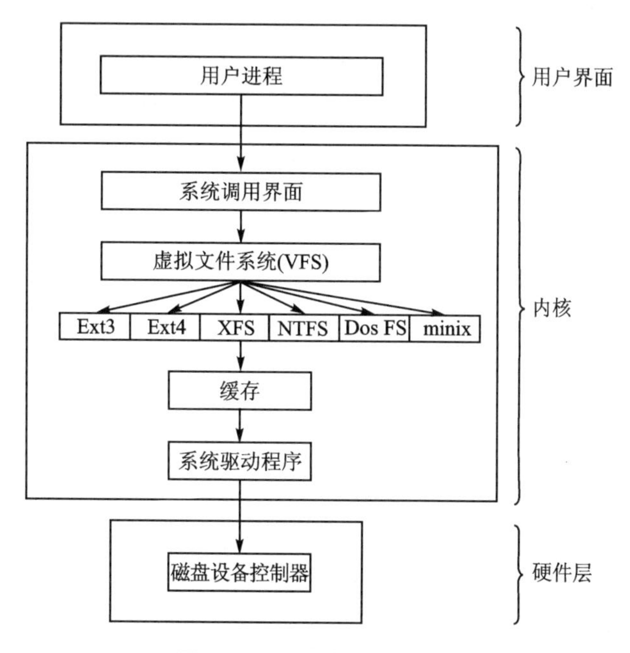

图 2－4　VFS 的架构示意图

一般来讲，在拿到一块全新的硬盘存储设备后要首先分区，然后格式化，最后才能挂载并正常使用。“分区”和“格式化”大家以前经常听到，但“挂载”又是什么呢？当用户需要使用硬盘设备或分区中的数据时，需要先将其与一个已存在的目录文件进行关联，而这个关联动作就是“挂载”。

(1) mount 命令

mount 命令用于挂载文件系统，格式为“mount 文件系统挂载目录”。mount 命令中可用的参数及作用如表 2－7 所列。挂载是在使用硬件设备前所执行的最后一步操作。只需使用 mount 命令把硬盘设备或分区与一个目录文件进行关联，然后就能在这个目录中看到硬件设备中的数据了。对于比较新的 Linux 系统，一般不需要使用－t 参数来指定文件系统的类型，Linux 系统会自动进行判断。而 mount 中的－a 参数功能更加强大，它会在执行后自动检查 /etc/fstab 文件中有无疏漏被挂载的设备文件，若有，则进行自动挂载操作。

表 2-7 mount 命令中的参数及作用

参 数	作 用
-a	挂载所有在/etc/fstab 中定义的文件系统
-t	指定文件系统的类型

例如，要把设备/dev/sdb2 挂载到/backup 目录，只需要在 mount 命令中填写设备与挂载目录参数即可，系统会自动判断要挂载文件的类型，因此只需要执行下述命令即可：

```
$ mount /dev/sdb2 /backup
```

以上方法执行 mount 命令后就可以立即使用文件系统了，但系统在重启后挂载就会失效。如果想让硬件设备和目录永久地进行自动关联，就必须把挂载信息按照指定的填写格式“设备文件挂载目录格式类型权限选项自检优先级”(各字段的意义见表 2-8)写入到/etc/fstab 文件中，这个文件中包含着挂载所需的诸多信息项目。

表 2-8 用于挂载信息的指定填写格式中，各字段所表示的意义

字 段	意 义
设备文件	一般为设备的路径+设备名称，也可以写唯一识别码(UUID，Universally Unique Identifier)
挂载目录	指定要挂载到的目录，需要在挂载前创建好
格式类型	指定文件系统的格式，比如 Ext3、Ext4、XFS、SWAP、iso9660(此为光盘设备)等
权限选项	若设置为 defaults，则默认权限为：rw，suid，dev，exec，auto，nouser，async
自检	若为 1，则开机后进行磁盘自检，若为 0，则不自检
优先级	若“自检”字段为 1，则可对多块硬盘进行自检优先级设置

如果想将文件系统为 ext4 的硬件设备/dev/sdb2 在开机后自动挂载到/backup 目录上，并保持默认权限且无须开机自检，就需要在/etc/fstab 文件中写入下面的信息，这样在系统重启后也会成功挂载：

```
$ vim /etc/fstab
#
# /etc/fstab
# Created by anaconda on Wed May 4 19:26:23 2017
#
# Accessible filesystems, by reference, are maintained under '/dev/disk'
# See man pages fstab(5), findfs(8), mount(8) and/or blkid(8) for more info
#
/dev/mapper/rhel-root / xfs defaults 1 1
UUID=812b1f7c-8b5b-43da-8c06-b9999e0fe48b /boot xfs defaults 1 2
/dev/mapper/rhel-swap swap swap defaults 0 0
/dev/cdrom/media/cdrom iso9660 defaults 0 0
/dev/sdb2/backup ext4 defaults 0 0
```

（2）umount 命令

umount 命令用于撤销已经挂载的设备文件，格式为“umount[挂载点/设备文件]”。挂载文件系统的目的是使用硬件资源，而卸载文件系统就意味着不再使用硬件的设备资源；相对应地，挂载操作就是把硬件设备与目录进行关联的动作，因此卸载操作只需要说明想要取消关联的设备文件或挂载目录的其中一项即可，一般不需要加其他额外的参数。下面尝试手动卸载掉/dev/sdb2 设备文件，示例如下：

```
$ umount /dev/sdb2
```

2.3.5 磁盘限额

Linux 系统的设计初衷就是让多个用户一起使用并执行各自的任务，从而成为多用户、多任务的操作系统。但是，硬件资源是固定且有限的，如果某些用户不断地在 Linux 系统上创建文件或者存放电影，硬盘空间总有一天会被占满。针对这种情况，root 管理员就需要使用磁盘容量配额服务来限制某位用户或某个用户组针对特定文件夹可以使用的最大硬盘空间或最大文件个数，一旦达到最大值就不允许继续使用。可以使用 quota 命令进行磁盘容量配额管理，从而限制用户的硬盘可用容量或所能创建的最大文件个数。quota 命令还有软限制和硬限制的功能：

① 软限制：当达到软限制时会提示用户，但仍允许用户在限定的额度内继续使用。

② 硬限制：当达到硬限制时会提示用户，且强制终止用户的操作。

RHEL7 系统中已经安装了 quota 磁盘容量配额服务程序包，但存储设备却默认没有开启对 quota 的支持，此时需要手动编辑配置文件，让 RHEL7 系统中的/boot 目录能够支持 quota 磁盘配额技术。另外，对于学习过早期的 Linux 系统或者具有 RHEL6 系统使用经验的读者来说，这里需要特别注意。早期的 Linux 系统要想让硬盘设备支持 quota 磁盘容量配额服务，使用的是 usrquota 参数，而 RHEL7 系统使用的则是 uquota 参数。在重启系统后使用 mount 命令查看，即可发现/boot 目录已经支持 quota 磁盘配额技术了，代码如下：

```
$ vim /etc/fstab
#
# /etc/fstab
# Created by anaconda on Wed May 4 19:26:23 2017
#
# Accessible filesystems, by reference, are maintained under '/dev/disk'
# See man pages fstab(5), findfs(8), mount(8) and/or blkid(8) for more info
#
/dev/mapper/rhel - root / xfs defaults 1 1
UUID = 812b1f7c - 8b5b - 43da - 8c06 - b9999e0fe48b/boot xfsdefaults,uquota 1 2
/dev/mapper /rhel - swap swap swap defaults 0 0
/dev/cdrom /media/cdrom iso9660 defaults 0 0
/dev/sdb1 /newFSxfs defaults 0 0
/dev/sdb2 swap swap defaults 0 0
$ reboot
$ mount | grep boot
```

```
/dev/sda1 on /boot type xfs (rw,relatime,seclabel,attr2,inode64,usrquota)
```

接下来创建一个用于检查 quota 磁盘容量配额效果的用户 tom，并针对/boot 目录增加其他人的写权限，保证用户能够正常写入数据，代码如下：

```
$ useradd tom
$ chmod -Rf o+w /boot
```

（1）xfs_quota 命令

xfs_quota 命令是一个专门针对 XFS 文件系统来管理 quota 磁盘容量配额服务而设计的命令，格式为“quota[参数]配额文件系统”。其中，-c 参数用于以参数的形式设置要执行的命令；-x 参数是专家模式，让运维人员能够对 quota 服务进行更多复杂的配置。接下来使用 xfs_quota 命令来设置用户 tom 对/boot 目录的 quota 磁盘容量配额。具体的限额控制包括：硬盘使用量的软限制和硬限制分别为 3 MB 和 6 MB，创建文件数量的软限制和硬限制分别为 3 个和 6 个。代码如下：

```
$ xfs_quota -x -c 'limit bsoft=3m bhard=6m isoft=3 ihard=6 tom' /boot
$ xfs_quota -x -c report /boot
User quota on /boot (/dev/sda1) Blocks
User ID Used Soft Hard Warn/Grace
---------- --------------------------------------------------
root 95084 0 0 00 [--------]
tom 0 3072 6144 00 [--------]
```

当配置好上述的各种软硬限制后，尝试切换到这个普通用户，然后分别尝试创建一个体积为 5 MB 和 8 MB 的文件，可以发现，在创建 8 MB 的文件时受到了系统限制，代码如下：

```
$ su - tom
$ dd if=/dev/zero of=/boot/tom bs=5M count=1
1+0 records in
1+0 records out
5242880 bytes (5.2 MB) copied, 0.123966 s, 42.3 MB/s
$ dd if=/dev/zero of=/boot/tom bs=8M count=1
dd: error writing '/boot/tom': Disk quota exceeded
1+0 records in
0+0 records out
6291456 bytes (6.3 MB) copied, 0.0201593 s, 312 MB/s
```

（2）edquota 命令

edquota 命令用于编辑用户的 quota 配额限制，格式为“edquota[参数][用户]”。在为用户设置了 quota 磁盘容量配额限制后，可以使用 edquota 命令按需修改限额的数值。其中，-u 参数表示要针对哪个用户进行设置；-g 参数表示要针对哪个用户组进行设置。edquota 命令会调用 Vi 或 Vim 编辑器来让 root 管理员修改要限制的具体细节。下面把用户 tom 的硬盘使用量的硬限额从 5 MB 提升到 8 MB，代码如下：

```
$ edquota -u tom
Disk quotas for user tom (uid 1001):
```

```
Filesystem blocks soft hard inodes soft hard
/dev/sda 6144 3072 8192 1 3 6
$ su - tom
Last login: Mon Sep 7 16:43:12 CST 2017 on pts/0
$ dd if=/dev/zero of=/boot/tom bs=8M count=1
1+0 records in
1+0 records out
8388608 bytes (8.4 MB) copied, 0.0268044 s, 313 MB/s
$ dd if=/dev/zero of=/boot/tom bs=10M count=1
dd: error writing '/boot/tom': Disk quota exceeded
1+0 records in
0+0 records out
8388608 bytes (8.4 MB) copied, 0.167529 s, 50.1 MB/s
```

2.4 独立冗余磁盘阵列和逻辑卷管理

本节将深入讲解各个常用 RAID(Redundant Array of Independent Disks,独立冗余磁盘阵列)技术方案的特性,并通过实际部署 RAID10、RAID5＋备份盘等方案来更直观地查看 RAID 的强大效果,以便进一步满足生产环境对硬盘设备的 I/O 读/写速度和数据冗余备份机制的需求。同时,考虑到用户可能会动态调整存储资源,本节还将介绍 LVM(Logical Volume Manager,逻辑卷管理器)的部署、扩容、缩小、快照以及卸载删除的相关知识。学习完本节,可以完成在企业级生产环境中灵活运用 RAID 和 LVM 来满足对存储资源的高级管理需求。

2.4.1 RAID 的相关概念

近年来,CPU 的处理性能保持着高速增长,Intel 公司在 2017 年发布的 i9-7980XE 处理器芯片更是达到了 18 核 36 线程。但与此同时,硬盘设备的性能提升却不是很大,因此逐渐成为当代计算机整体性能的瓶颈。而且,由于硬盘设备需要进行持续、频繁、大量的 I/O 操作,相较于其他设备,其损坏概率大幅增加,导致重要数据丢失的概率也随之增加。

1988 年,加利福尼亚大学伯克利分校首次提出并定义了 RAID 技术的概念。RAID 技术通过把多个硬盘设备组合成一个容量更大、安全性更好的磁盘阵列,并把数据切割成多个区段后分别存放在各个不同的物理硬盘设备上,然后利用分散读/写技术来提升磁盘阵列整体的性能,同时把多个重要数据的副本同步到不同的物理硬盘设备上,从而起到非常好的数据冗余备份效果。

任何事物都有它的两面性。RAID 技术确实具有非常好的数据冗余备份功能,但是它也相应地增加了成本支出。就像原本只有一个电话本,但是为了避免遗失,会将联系人号码信息写成两份,自然要为此多买一个电话本,这也就相应地增加了成本。RAID 技术设计初衷是为了减少因为采购硬盘设备带来的费用支出,但是与数据本身的价值相比较,现代企业更看重的则是 RAID 技术所具备的冗余备份机制以及带来的硬盘吞吐量的提升。也就是说,RAID 不仅降低了硬盘设备损坏后丢失数据的概率,还提升了硬盘设备的读/写速度,所以它在绝大多数运营商或大中型企业中得以广泛部署和应用。

出于成本和技术方面的考虑，需要针对不同的需求在数据可靠性及读/写性能上作出权衡，制定出满足各自需求的不同方案。目前已有的 RAID 磁盘阵列方案至少有十几种，接下来会详细讲解 RAID0、RAID1、RAID5 与 RAID10 这 4 种最常见的方案。

1. RAID0

RAID0 技术把多块物理硬盘设备（至少两块）通过硬件或软件的方式串联在一起，组成一个大的卷组，并将数据依次写入到各个物理硬盘中。这样一来，在最理想的状态下，硬盘设备的读/写性能会提升数倍，但是若任意一块硬盘发生故障将导致整个系统的数据都受到破坏。通俗来说，RAID0 技术能够有效地提升硬盘数据的吞吐速度，但是不具备数据备份和错误修复能力。RAID0 技术示意图如图 2－5 所示，数据被分别写入到不同的硬盘设备中，即 DISK1 和 DISK2 硬盘设备会分别保存数据资料，最终实现分开写入、读取的效果。

2. RAID1

尽管 RAID0 技术提升了硬盘设备的读/写速度，但是它将数据依次写入到各个物理硬盘中，也就是说，它的数据是分开存放的，其中任何一块硬盘发生故障都会损坏整个系统的数据。因此，如果生产环境对硬盘设备的读/写速度没有要求，而是希望增加数据的安全性时，就需要用到 RAID1 技术了。

从图 2－6 所示的 RAID1 技术示意图中可以看到，它是把两块以上的硬盘设备进行绑定，在写入数据时，是将数据同时写入到多块硬盘设备上（可以将其视为数据的镜像或备份）。当其中某一块硬盘发生故障后，另一块一般会立即自动以热交换的方式来恢复数据的正常使用。

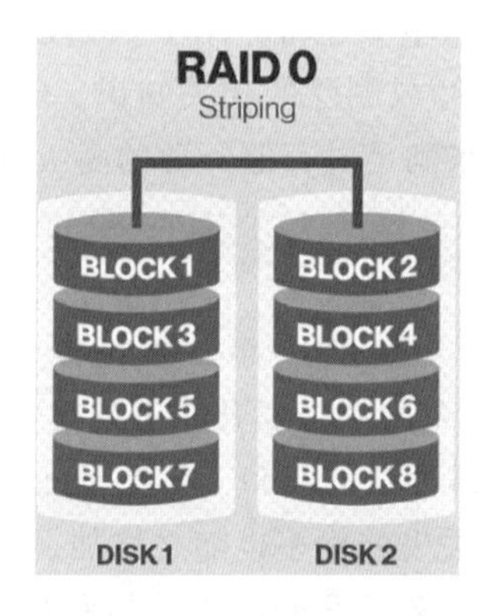

图 2－5　RAID0 技术示意图

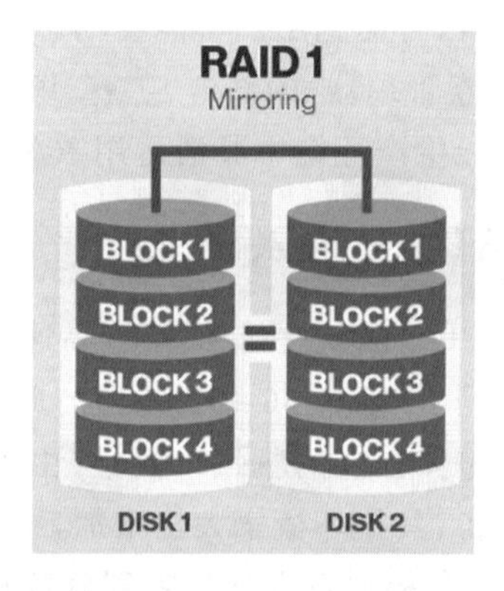

图 2－6　RAID1 技术示意图

RAID1 技术虽然十分注重数据的安全性，但是因为是在多块硬盘设备中写入了相同的数据，因此降低了硬盘设备的利用率，从理论上来说，图 2－6 所示的硬盘空间的真实可用率只有 50%，由三块硬盘设备组成的 RAID1 磁盘阵列的可用率只有 33% 左右，以此类推。而且，由于需要把数据同时写入到两块以上的硬盘设备，这无疑也在一定程度上增大了系统计算负载。

那么，有没有一种 RAID 方案既考虑到了硬盘设备的读/写速度和数据安全性，又兼顾了成本问题呢？实际上，单从数据安全和成本方面来讲，不可能在保持原有硬盘设备的利用率且还不增加新设备的情况下大幅提升数据的安全性。下面将要讲解的 RAID5 技术虽然在理论上兼顾了三者（读/写速度、数据安全性、成本），但实际上更像是对这三者的“相互妥协”。

3. RAID5

如图 2－7 所示，RAID5 技术是把硬盘设备的数据奇偶校验信息保存到其他硬盘设备中。

RAID5 磁盘阵列组中数据的奇偶校验信息并不是单独保存到某一块硬盘设备中，而是存储到除自身以外的其他每一块硬盘设备上，这样的好处是其中任何一个设备损坏后不至于出现致命缺陷。图 2－7 中 PARITY 部分存放的就是数据的奇偶校验信息，换句话说，RAID5 技术实际上没有备份硬盘中的真实数据信息，而是当硬盘设备出现问题后通过奇偶校验信息来尝试重建损坏的数据。RAID 这样的技术特性“妥协”地兼顾了硬盘设备的读/写速度、数据安全性与存储成本问题。

4. RAID10

鉴于 RAID5 技术是因为硬盘设备的成本问题对读/写速度和数据的安全性能做了一定的妥协，但是大部分企业更在乎的是数据本身的价值而非硬盘价格，因此生产环境中主要使用 RAID10 技术。RAID10 技术是 RAID1＋RAID0 技术的一个“组合体”。如图 2－8 所示，RAID10 技术需要至少 4 块硬盘来组建，其中先分别两两制作成 RAID1 磁盘阵列，以保证数据的安全性，然后再对两个 RAID1 磁盘阵列实施 RAID0 技术，进一步提高硬盘设备的读/写速度。这样从理论上来讲，只要坏的不是同一组中的所有硬盘，那么最多只损坏 50％的硬盘设备而不丢失数据。由于 RAID10 技术继承了 RAID0 的高读/写速度和 RAID1 的数据安全性，在不考虑成本的情况下，RAID10 的性能超过了 RAID5，因此成为当前广泛使用的一种存储技术。

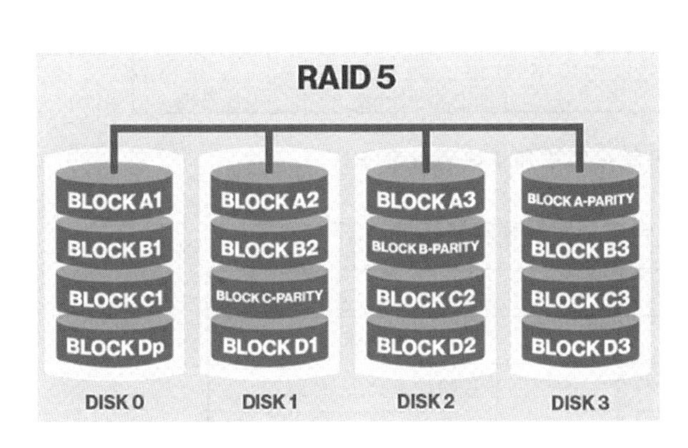

图 2－7　RAID5 技术示意图

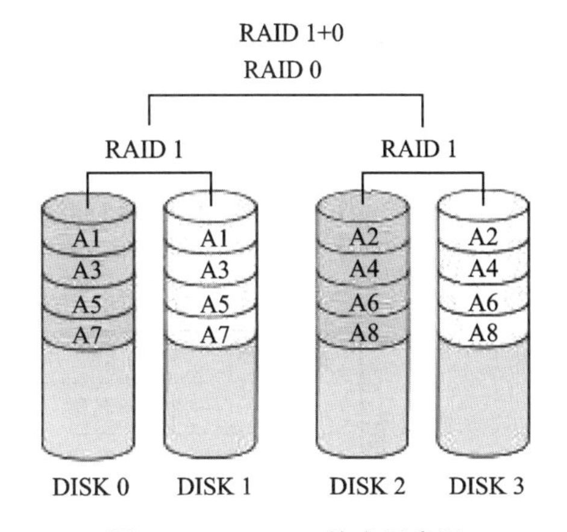

图 2－8　RAID10 技术示意图

接下来讲解一下部署磁盘阵列。首先，需要在虚拟机中添加 4 块硬盘设备来制作一个 RAID10 磁盘阵列，如图 2－9 所示。

这几块硬盘设备是模拟出来的，不需要特意去买几块真实的物理硬盘插到电脑上。需要注意的是，一定要记得在关闭系统之后，再在虚拟机中添加硬盘设备，否则可能会因为计算机架构的不同而导致虚拟机系统无法识别添加的硬盘设备。

mdadm 命令用于管理 Linux 系统中的软件 RAID 硬盘阵列，格式为“mdadm［模式］＜RAID 设备名称＞［选项］［成员设备名称］”。

当前，生产环境中用到的服务器一般都配备 RAID 阵列卡，尽管服务器的价格越来越便宜，但是没有必要为了做一个实验而去单独购买一台服务器，可以用 mdadm 命令在 Linux 系统中创建和管理软件 RAID 磁盘阵列，而且它涉及的理论知识的操作过程与生产环境中的完全一致。mdadm 命令的常用参数以及作用如表 2－9 所列。

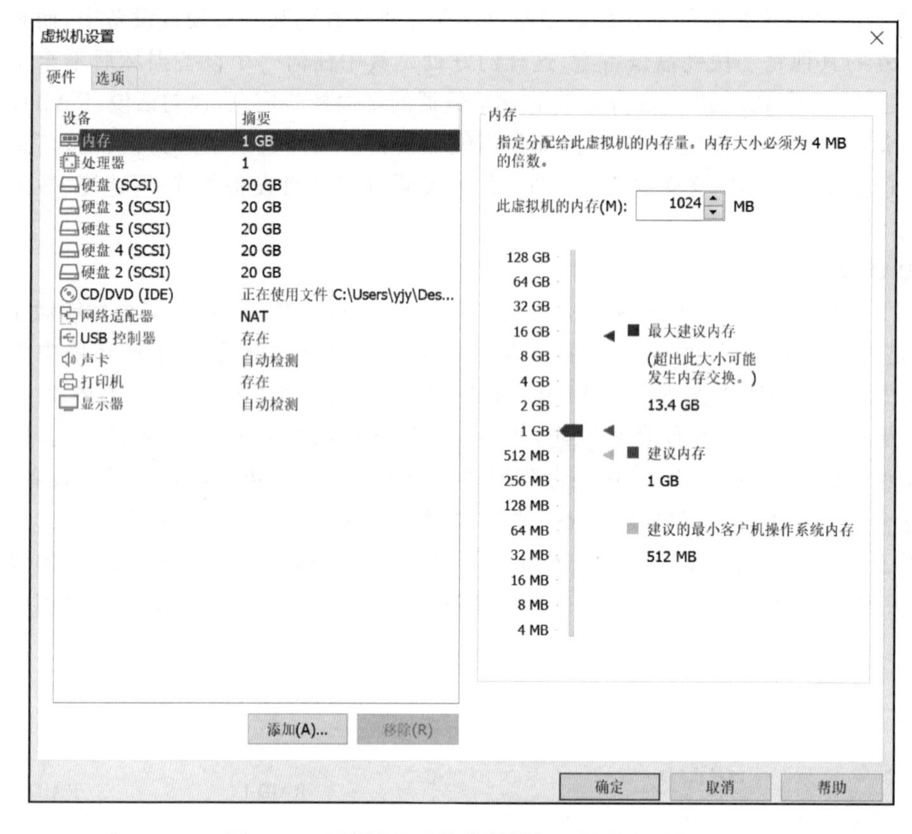

图 2－9　为虚拟机系统模拟添加 4 块硬盘设备

表 2－9　mdadm 命令的常用参数和作用

参　数	作　用	参　数	作　用
－a	检测设备名称	－f	模拟设备损坏
－n	指定设备数量	－r	移除设备
－l	指定 RAID 级别	－Q	查看摘要信息
－C	创建	－D	查看详细信息
－v	显示过程	－S	停止 RAID 磁盘阵列

接下来使用 mdadm 命令创建 RAID10，名称为“/dev/md0”。

udev 是 Linux 系统内核中用来给硬件命名的服务，其命名规则也非常简单。可以通过命名规则推算出第二个 SCSI 存储设备的名称是/dev/sdb，然后以此类推。使用硬盘设备来部署 RAID 磁盘阵列很像是将几位同学组成一个班级，但不会将班级命名为/dev/sdbcde。

此时就需要使用 mdadm 中的参数了，其中－Cv 参数代表创建一个 RAID 阵列卡，并显示创建的过程，同时在后面追加一个设备名称/dev/md0，这样/dev/md0 就是创建后的 RAID 磁盘阵列的名称；－a yes 参数代表自动创建设备文件；－n 4 参数代表使用 4 块硬盘来部署这个 RAID 磁盘阵列；而－l 10 参数则代表 RAID10 方案；最后再加上 4 块硬盘设备的名称就可以了。命令及运行结果如下：

```
$ mdadm -Cv /dev/md0 -a yes -n 4 -l 10 /dev/sdb /dev/sdc
/dev/sdd /dev/sde
mdadm: layout defaults to n2
mdadm: layout defaults to n2
mdadm: chunk size defaults to 512K
mdadm: size set to 20954624K
mdadm: Defaulting to version 1.2 metadata
mdadm: array /dev/md0 started
```

其次,把制作好的 RAID 磁盘阵列格式化为 Ext4 格式。命令及运行结果如下:

```
$ mkfs.ext4 /dev/md0
mke2fs 1.42.9 (28-Dec-2013)
Filesystem label =
OS type: Linux
Block size = 4096 (log = 2)
Fragment size = 4096 (log = 2)
Stride = 128 blocks, Stripe width = 256 blocks
2621440 inodes, 10477312 blocks
523865 blocks (5.00%) reserved for the super user
First data block = 0
Maximum filesystem blocks = 2157969408
320 block groups
32768 blocks per group, 32768 fragments per group
8192 inodes per group
Superblock backups stored on blocks:
32768, 98304, 163840, 229376, 294912, 819200, 884736, 1605632, 2654208,
4096000, 7962624
Allocating group tables: done
Writing inodetables: done
Creating journal (32768 blocks): done
Writing superblocks and filesystem accounting information: done
```

再次,创建挂载点然后把硬盘设备进行挂载操作,挂载成功后看到可用空间为 40 GB。命令及运行结果如下:

```
$ mkdir /RAID
$ mount /dev/md0 /RAID
$ df -h
Filesystem Size Used Avail Use% Mounted on
/dev/mapper/rhel-root 18G 3.0G 15G 17% /
devtmpfs 905M 0 905M 0% /dev
tmpfs 914M 84K 914M 1% /dev/shm
tmpfs 914M 8.9M 905M 1% /run
tmpfs 914M 0 914M 0% /sys/fs/cgroup
/dev/sr0 3.5G 3.5G 0 100% /media/cdrom
/dev/sda1 497M 119M 379M 24% /boot
```

```
/dev/md0 40G 49M 38G 1% /RAID
```

最后，查看/dev/md0 磁盘阵列的详细信息，并把挂载信息写入到配置文件中，使其永久生效。命令及运行结果如下：

```
$ mdadm -D /dev/md0
/dev/md0:
Version : 1.2
Creation Time : Tue May 5 07:43:26 2017
Raid Level : raid10
Array Size : 41909248 (39.97 GiB 42.92 GB)
Used Dev Size : 20954624 (19.98 GiB 21.46 GB)
Raid Devices : 4
Total Devices : 4
Persistence : Superblock is persistent
Update Time : Tue May 5 07:46:59 2017
State : clean
Active Devices : 4
Working Devices : 4
Failed Devices : 0
Spare Devices : 0
Layout : near=2
Chunk Size : 512K
Name : localhost.localdomain:0 (local to host localhost.localdomain)
UUID : cc9a87d4:1e89e175:5383e1e8:a78ec62c
Events : 17
Number Major Minor RaidDevice State
0 8 16 0 active sync /dev/sdb
1 8 32 1 active sync /dev/sdc
2 8 48 2 active sync /dev/sdd
3 8 64 3 active sync /dev/sde
$ echo "/dev/md0 /RAID ext4 defaults 0 0" >> /etc/fstab
```

2.4.2 LVM 相关概念

前面学习的硬盘设备管理技术虽然能够有效地提高硬盘设备的读/写速度以及数据的安全性，但是在硬盘分好区或者部署为 RAID 磁盘阵列之后，再想修改硬盘分区大小就不容易了。换句话说，当用户想要随着实际需求的变化调整硬盘分区的大小时，会受到硬盘“灵活性”的限制。这时就需要用到另外一项非常普及的硬盘设备资源管理技术，即 LVM(逻辑卷管理器)，LVM 可以允许用户对硬盘资源进行动态调整。

逻辑卷管理器是 Linux 系统用于对硬盘分区进行管理的一种机制，理论性较强，其创建初衷是为了解决硬盘设备在创建分区后不易修改分区大小的缺陷。尽管对传统的硬盘分区进行强制扩容或缩容从理论上来讲是可行的，但是却可能造成数据的丢失。而 LVM 技术是在硬盘分区和文件系统之间添加了一个逻辑层，它提供了一个抽象的卷组，可以把多块硬盘进行卷组合并。这样一来，用户不必关心物理硬盘设备的底层架构和布局就可以实现对硬盘分区的动态调整。LVM 的技术架构如图 2-10 所示，图中 PV 表示物理卷，VG 表示卷组，LV 表示逻辑卷，PE 表示基本单元。

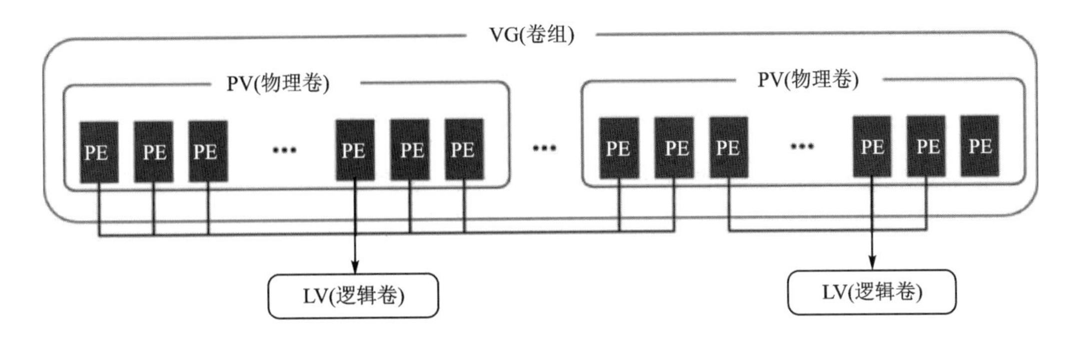

图 2-10　LVM 的技术架构

比如小明家里想吃馒头但是面粉不够了，于是妈妈从隔壁老王家、老李家、老张家分别借来一些面粉，准备蒸馒头吃。首先需要把这些面粉(物理卷)揉成一个大面团(卷组)，然后再把这个大团面分割成一个个小馒头(逻辑卷)，而且每个小馒头的重量必须是每勺面粉(基本单元)的倍数。

物理卷处于 LVM 中的最底层，可以将其理解为物理硬盘、硬盘分区或者 RAID 磁盘阵。卷组建立在物理卷之上，一个卷组可以包含多个物理卷，而且在卷组创建之后也可以继续向其中添加新的物理卷。逻辑卷是用卷组中空闲的资源建立的，并且逻辑卷在建立后可以动态地扩展或缩小空间，这就是 LVM 的核心理念。

1. 部署逻辑卷

一般而言，在生产环境中无法精确地评估每个硬盘分区在日后的使用情况，因此会导致原先分配的硬盘分区不够用。比如，伴随着业务量的增加，用于存放交易记录的数据库目录的体积也随之增加；因为分析并记录用户的行为从而导致日志目录的体积不断变大，这些都会导致原有的硬盘分区在使用时捉襟见肘。而且，还存在对较大的硬盘分区进行精简缩容的情况。

因此可以通过部署 LVM 来解决上述问题，部署 LVM 时，需要逐个配置物理卷、卷组和逻辑卷。常用的部署命令如表 2-10 所列。

表 2-10　常用的 LVM 部署命令

功能/命令	物理卷管理	卷组管理	逻辑卷管理
扫描	pvscan	vgscan	lvscan
建立	pvcreate	vgcreate	lvcreate
显示	pvdisplay	vgdisplay	lvdisplay
删除	pvremove	vgremove	lvremove
扩展		vgextend	lvextend
缩小		vgreduce	lvreduce

为了避免多个实验之间相互发生冲突，请大家自行将虚拟机还原到初始状态，并在虚拟机中添加两块新硬盘设备，然后开机，如图 2-11 所示。

在虚拟机中添加两块新硬盘设备是为了更好地演示 LVM 理念中用户无须关心底层物理硬盘设备的特性。先对这两块新硬盘进行创建物理卷的操作，可以将该操作简单理解成让硬

图 2-11　在虚拟机中添加两块新的硬盘设备

盘设备支持 LVM 技术，或者理解成把硬盘设备加入 LVM 技术可用的硬件资源池中，然后对这两块硬盘进行卷组合并，卷组的名称可以由用户来自定义。接下来，根据需求把合并后的卷组切割出一个约为 150 MB 的逻辑卷设备，最后把这个逻辑卷设备格式化成 Ext4 文件系统后挂载使用。

第 1 步：让新添加的两块硬盘设备支持 LVM 技术。代码如下：

```
$ pvcreate /dev/sdb /dev/sdc
Physical volume "/dev/sdb" successfully created
Physical volume "/dev/sdc" successfully created
```

第 2 步：把两块硬盘设备加入 storage 卷组中，然后查看卷组的状态。代码如下：

```
$ vgcreate storage /dev/sdb /dev/sdc
Volume group "storage" successfully created
$ vgdisplay
---Volume group---
VG Name storage
System ID
Format lvm2
Metadata Areas 2
```

```
Metadata Sequence No 1
VG Access read/write
VG Status resizable
MAX LV 0
Cur LV 0
Open LV 0
Max PV 0
Cur PV 2
Act PV 2
VG Size 39.99 GiB
PE Size 4.00 MiB
Total PE 10238
Alloc PE / Size 0 / 0 Free PE / Size 10238 / 39.99 GiB
VG UUID KUeAMF-qMLh-XjQy-ArUo-LCQI-YF0o-pScxm1
……………………………………………………
```

第 3 步：切割出一个约为 150 MB 的逻辑卷设备。这里需要注意切割单位的问题，在对逻辑卷进行切割时有两种计量单位。第一种是以容量为单位，所使用的参数为-L。例如，使用-L 150M 生成一个大小为 150 MB 的逻辑卷。另外一种是以基本单元的个数为单位，所使用的参数为-l。每个基本单元的大小默认为 4 MB。例如，使用-l 37 可以生成一个大小为 37×4 MB=148 MB 的逻辑卷。代码如下：

```
$ lvcreate -n vo -l 37 storage
Logical volume "vo" created
$ lvdisplay
---Logical volume---
LV Path /dev/storage/vo
LV Name vo
VG Name storage
LV UUID D09HYI-BHBl-iXGr-X2n4-HEzo-FAQH-HRcM2I
LV Write Access read/write
LV Creation host, time localhost.localdomain, 2017-02-01 01:22:54 -0500
LV Status available
# open 0
LV Size 148.00 MiB
Current LE 37
Segments 1
Allocation inherit
Read ahead sectors auto
- currently set to 8192
Block device 253:2
……………………………………
```

第 4 步：把生成好的逻辑卷进行格式化，然后挂载使用。Linux 系统会把 LVM 中的逻辑卷设备存放在/dev 设备目录中（实际上是做了一个符号链接），同时会以卷组的名称来建立一个目录，其中保存了逻辑卷的设备映射文件（即/dev/卷组名称/逻辑卷名称）。代码如下：

```
$ mkfs.ext4 /dev/storage/vo
mke2fs 1.42.9 (28 - Dec - 2013)
Filesystem label =
OS type: Linux
Block size = 1024 (log = 0)
Fragment size = 1024 (log = 0)
Stride = 0 blocks, Stripe width = 0 blocks
38000 inodes, 151552 blocks
7577 blocks (5.00 % ) reserved for the super user
First data block = 1
Maximum filesystem blocks = 33816576
19 block groups
8192 blocks per group, 8192 fragments per group
2000 inodes per group
Superblock backups stored on blocks:
8193, 24577, 40961, 57345, 73729
Allocating group tables: done
Writing inodetables: done
Creating journal (4096 blocks): done
Writing superblocks and filesystem accounting information: done
$ mkdir /Linuxprobe
$ mount /dev/storage/vo /Linuxprobe
```

第5步:查看挂载状态,并写入到配置文件,使其永久生效。代码如下:

```
$ df -h
Filesystem Size Used Avail Use % Mounted on
/dev/mapper/rhel - root 18G 3.0G 15G 17 % /
devtmpfs 905M 0 905M 0 % /dev
tmpfs 914M 140K 914M 1 % /dev/shm
tmpfs 914M 8.8M 905M 1 % /run
tmpfs 914M 0 914M 0 % /sys/fs/cgroup
/dev/sr0 3.5G 3.5G 0 100 % /media/cdrom
/dev/sda1 497M 119M 379M 24 % /boot
/dev/mapper/storage - vo 145M 7.6M 138M 6 % /Linuxprobe
$ echo "/dev/storage/vo /Linuxprobe ext4 defaults 0 0" >> /etc/fstab
```

2. 扩容逻辑卷

在前面的实验中,卷组是由两块硬盘设备共同组成的。用户在使用存储设备时感知不到设备底层的架构和布局,更不用关心底层是由多少块硬盘组成的,只要卷组中有足够的资源,就可以一直为逻辑卷扩容。扩容前请一定要记得卸载设备和挂载点的关联。代码如下:

```
$ umount /Linuxprobe
```

第1步:把上一个实验中的逻辑卷 vo 扩展至 290 MB。代码如下:

```
$ lvextend -L 290M /dev/storage/vo
```

```
Rounding size to boundary between physical extents: 292.00 MiB
Extending logical volume vo to 292.00 MiB
Logical volume vo successfully resized
```

第 2 步:检查硬盘完整性,并重置硬盘容量。代码如下:

```
$ e2fsck -f /dev/storage/vo
e2fsck 1.42.9 (28-Dec-2013)
Pass 1: Checking inodes, blocks, and sizes
Pass 2: Checking directory structure
Pass 3: Checking directory connectivity
Pass 4: Checking reference counts
Pass 5: Checking group summary information
/dev/storage/vo: 11/38000 files (0.0% non-contiguous), 10453/151552 blocks
$ resize2fs /dev/storage/vo
resize2fs 1.42.9 (28-Dec-2013)
Resizing the filesystem on /dev/storage/vo to 299008 (1k) blocks.
The filesystem on /dev/storage/vo is now 299008 blocks long.
```

第 3 步:重新挂载硬盘设备并查看挂载状态。代码如下:

```
$ mount -a
$ df -h
Filesystem Size Used Avail Use% Mounted on
/dev/mapper/rhel-root 18G 3.0G 15G 17% /
devtmpfs 985M 0 985M 0% /dev
tmpfs 994M 80K 994M 1% /dev/shm
tmpfs 994M 8.8M 986M 1% /run
tmpfs 994M 0 994M 0% /sys/fs/cgroup
/dev/sr0 3.5G 3.5G 0 100% /media/cdrom
/dev/sda1 497M 119M 379M 24% /boot
/dev/mapper/storage-vo 279M 2.1M 259M 1% /Linuxprobe
```

3. 缩容逻辑卷

相较于扩容逻辑卷,在对逻辑卷进行缩容操作时,其丢失数据的风险更大,所以在生产环境中执行相应操作时,一定要提前备份好数据。另外 Linux 系统规定,在对 LVM 逻辑卷进行缩容操作之前,要先检查文件系统的完整性(当然这也是为了保证数据安全)。在执行缩容操作前记得先把文件系统卸载掉。代码如下:

```
$ umount /Linuxprobe
```

第 1 步:检查文件系统的完整性。代码如下:

```
$ e2fsck -f /dev/storage/vo
e2fsck 1.42.9 (28-Dec-2013)
Pass 1: Checking inodes, blocks, and sizes
Pass 2: Checking directory structure
Pass 3: Checking directory connectivity
```

```
Pass 4: Checking reference counts
Pass 5: Checking group summary information
/dev/storage/vo: 11/74000 files (0.0 % non-contiguous), 15507/299008 blocks
```

第 2 步:把逻辑卷 vo 的容量减小到 120 MB。代码如下:

```
$ resize2fs /dev/storage/vo 120M
resize2fs 1.42.9 (28-Dec-2013)
Resizing the filesystem on /dev/storage/vo to 122880 (1k) blocks.
The filesystem on /dev/storage/vo is now 122880 blocks long.
$ lvreduce -L 120M /dev/storage/vo
WARNING: Reducing active logical volume to 120.00 MiB
THIS MAY DESTROY YOUR DATA (filesystem etc.)
Do you really want to reduce vo? [y/n]: y
Reducing logical volume vo to 120.00 MiB
Logical volume vo successfully resized
```

第 3 步:重新挂载文件系统并查看系统状态。代码如下:

```
$ mount -a
$ df -h
Filesystem Size Used Avail Use% Mounted on
/dev/mapper/rhel-root 18G 3.0G 15G 17% /
devtmpfs 985M 0 985M 0% /dev
tmpfs 994M 80K 994M 1% /dev/shm
tmpfs 994M 8.8M 986M 1% /run
tmpfs 994M 0 994M 0% /sys/fs/cgroup
/dev/sr0 3.5G 3.5G 0 100% /media/cdrom
/dev/sda1 497M 119M 379M 24% /boot
/dev/mapper/storage-vo 113M 1.6M 103M 2% /Linuxprobe
```

4. 逻辑卷快照

LVM 还具备“快照卷”功能,该功能类似于虚拟机软件的还原时间点功能。例如,可以对某一个逻辑卷设备做一次快照,如果日后发现数据被改错了,就可以利用之前做好的快照卷进行覆盖还原。LVM 的快照卷功能有两个特点:快照卷的容量必须等同于逻辑卷的容量;快照卷仅一次有效,一旦执行还原操作后会被立即自动删除。

首先查看卷组的信息。代码如下:

```
$ vgdisplay
---Volume group---
VG Name storage
System ID
Format lvm2
Metadata Areas 2
Metadata Sequence No 4
VG Access read/write
VG Status resizable
```

```
MAX LV 0
Cur LV 1
Open LV 1
Max PV 0
Cur PV 2
Act PV 2
VG Size 39.99 GiB
PE Size 4.00 MiB
Total PE 10238
Alloc PE / Size 30 / 120.00 MiB Free PE / Size 10208 / 39.88 GiB
VG UUID CTaHAK - 0TQv - Abdb - R830 - RU6V - YYkx - 8o2R0e
……………………………………
```

通过卷组的输出信息可以清晰看到，卷组中已经使用了 120 MB 的容量，空闲容量还有 39.88 GB。接下来用重定向向逻辑卷设备所挂载的目录中写入一个文件。代码如下：

```
$ echo "Welcome to Linuxprobe.com" > /Linuxprobe/readme.txt
$ ls -l /Linuxprobe
total 14
drwx ------. 2 root root 12288 Feb 1 07:18 lost + found
- rw - r -- r --. 1 root root 26 Feb 1 07:38 readme.txt
```

第 1 步：使用-s 参数生成一个快照卷，使用-L 参数指定切割的大小。另外，还需要在命令后面写上是针对哪个逻辑卷执行的快照操作。代码如下：

```
$ lvcreate -L 120M -s -n SNAP /dev/storage/vo
Logical volume "SNAP" created
$ lvdisplay
--- Logical volume ---
LV Path /dev/storage/SNAP
LV Name SNAP
VG Name storage
LV UUID BC7WKg - fHoK - Pc7J - yhSd - vD7d - lUnl - TihKlt
LV Write Access read/write
LV Creation host, time localhost.localdomain, 2017 - 02 - 01 07:42:31 -0500
LV snapshot status active destination for vo
LV Status available
# open 0
LV Size 120.00 MiB
Current LE 30
COW - table size 120.00 MiB
COW - table LE 30
Allocated to snapshot 0.01 %
Snapshot chunk size 4.00 KiB
Segments 1
Allocation inherit
Read ahead sectors auto
```

```
 - currently set to 8192
Block device 253:3
………………………………
```

第 2 步：在逻辑卷所挂载的目录中创建一个 100 MB 的垃圾文件，然后再查看快照卷的状态，可以发现存储空间占用量上升了。代码如下：

```
$ dd if = /dev/zero of = /Linuxprobe/files count = 1 bs = 100M
1 + 0 records in
1 + 0 records out
104857600 bytes (105 MB) copied, 3.35432 s, 31.3 MB/s
$ lvdisplay
--- Logical volume ---
LV Path /dev/storage/SNAP
LV Name SNAP
VG Name storage
LV UUID BC7WKg - fHoK - Pc7J - yhSd - vD7d - lUnl - TihKlt
LV Write Access read/write
LV Creation host, time localhost.localdomain, 2017 - 02 - 01 07:42:31  - 0500
LV snapshot status active destination for vo
LV Status available
# open 0
LV Size 120.00 MiB
Current LE 30
COW - table size 120.00 MiB
COW - table LE 30
Allocated to snapshot 83.71 %
Snapshot chunk size 4.00 KiB
Segments 1
Allocation inherit
Read ahead sectors auto
 - currently set to 8192
Block device 253:3
```

第 3 步：为了校验 SNAP 快照卷的效果，需要对逻辑卷进行快照还原操作。在此之前应先卸载掉逻辑卷设备与目录的挂载。代码如下：

```
$ umount /Linuxprobe
$ lvconvert --merge /dev/storage/SNAP
Merging of volume SNAP started.
vo: Merged: 21.4 %
vo: Merged: 100.0 %
Merge of snapshot into logical volume vo has finished.
Logical volume "SNAP" successfully removed
```

第 4 步：快照卷会被自动删除掉，并且刚刚在逻辑卷设备被执行快照操作后再创建出来的 100 MB 的垃圾文件也被清除了。代码如下：

```
$ mount -a
$ ls /Linuxprobe/
lost+found readme.txt
```

5. 删除逻辑卷

当生产环境中想要重新部署 LVM 或者不再需要使用 LVM 时，则需要执行 LVM 的删除操作。为此，需要提前备份好重要的数据信息，然后依次删除逻辑卷、卷组、物理卷设备，这个顺序不可颠倒。

第 1 步：取消逻辑卷与目录的挂载关联，删除配置文件中永久生效的设备参数。代码如下：

```
$ umount /Linuxprobe
$ vim /etc/fstab
#
# /etc/fstab
# Created by anaconda on Fri Feb 19 22:08:59 2017
#
# Accessible filesystems, by reference, are maintained under '/dev/disk'
# See man pages fstab(5), findfs(8), mount(8) and/or blkid(8) for more info
#
/dev/mapper/rhel-root / xfs defaults 1 1
UUID=50591e35-d47a-4aeb-a0ca-1b4e8336d9b1 /boot xfs defaults 1 2
/dev/mapper /rhel-swap swap swap defaults 0 0
/dev/cdrom /media/cdrom iso9660 defaults 0 0
```

第 2 步：删除逻辑卷设备，需要输入 y 来确认操作。代码如下：

```
$ lvremove /dev/storage/vo
Do you really want to remove active logical volume vo? [y/n]: y
Logical volume "vo" successfully removed
```

第 3 步：删除卷组，此处只写卷组名称即可，不需要设备的绝对路径。代码如下：

```
$ vgremove storage
Volume group "storage" successfully removed
```

第 4 步：删除物理卷设备。代码如下：

```
$ pvremove /dev/sdb /dev/sdc
Labels on physical volume "/dev/sdb" successfully wiped
Labels on physical volume "/dev/sdc" successfully wiped
```

在上述操作执行完毕之后，再执行 lvdisplay、vgdisplay、pvdisplay 命令来查看 LVM 的信息时就不会再看到信息了(前提是上述步骤的操作是正确的)。

2.5 思考与实验

1. 什么是 Shell?
2. 常用的 Shell 有哪些？如何查看系统默认使用的 Shell?
3. 区分内置 Shell 命令与外部 Shell 命令。
4. Shell 命令的使用方法。
5. 什么是文件系统？它的作用是什么？
6. Linux 支持的文件系统格式有哪些？
7. Linux 的目录结构，主要子目录的用途有哪些？
8. Bash 解释器的通配符中，星号 * 代表几个字符？
9. 请简单概述管道符的作用。
10. RAID0 和 RAID5 哪个更安全？
11. 在使用 mkdir 命令创建有嵌套关系的目录时，应该加上什么参数？
12. 在使用 rm 命令删除文件或目录时，可使用哪个参数来避免二次确认？
13. 若有一个名为 backup.tar.gz 的压缩包文件，那么解压的命令应该是什么？
14. RAID 技术主要是为了解决什么问题？

动手进行以下练习：

1. echo 显示字符串内容。
2. date 显示或设置系统日期和时间。
3. Cal：显示日历。
4. History：显示历史命令。
5. 运行 pwd 命令，确定当前工作目录。
6. 运行 ls -l 命令，理解各字段含义。
7. 运行 ls -ai 命令，理解各字段含义。
8. 用 mkdir 建立一个子目录 subdir。
9. 将工作目录改到 subdir。
10. 运行 date > file1，然后运行 cat file1，看到什么信息？
11. 运行 cat subdir，会有什么结果？为什么？
12. 显示 file1 的前 10 行和后 10 行。
13. 运行 cp file1 file2，然后 ls -l，看到什么？
14. 运行 mv file2 file3，然后 ls -l，看到什么？
15. 运行 cat f*，查看结果是什么？

第 3 章

多用户多任务管理

学习目标

- 掌握 Linux 用户账户和组管理；
- 掌握文件权限管理；
- 了解 Linux 进程管理；
- 了解监视 Linux 操作系统性能的命令。

Linux 操作系统是一个多用户多任务操作系统，允许不同的用户在同一时间登录且执行不同任务、使用系统的资源，因此管理好 Linux 操作系统中的用户和组，以及系统中文件的权限和属性是作为超级管理员必须要掌握的重要内容。本章节介绍 Linux 用户账户和组群的基本概念以及相关系统文件，并通过对应的命令管理用户账户以及组群，能够使用命令监视 Linux 系统性能。

3.1 账户管理

多用户多任务是 Linux 操作系统的一个非常重要的属性，可以通过本地主机或者远程登录的方式同时在一台主机上实现多个任务的访问，用户账户是用户的身份标识，同时根据不同的用户权限来对系统中的文件、进程、任务进行分配和管理，对于具有相同属性的用户称之为组群，通过对组群的管理来分配组群用户的权限，同时通过对用户账户和组群管理来保证 Linux 操作系统数据与进程的安全。Linux 系统是一个多用户多任务的分时操作系统，任何一个要使用系统资源的用户都必须首先向系统管理员申请一个账号，然后以这个账号的身份进入系统。

用户的账号一方面可以帮助系统管理员对使用系统的用户进行跟踪，并控制账户对系统资源的访问；另一方面也可以帮助管理组群文件，并为用户提供安全性保护。每个用户账号都拥有一个唯一的用户名和各自的口令。用户在登录时输入正确的用户名和口令后，就能够进入系统和自己的主目录。实现用户账号的管理，要完成的工作主要有如下几个方面：

- 用户账号的添加、删除与修改。
- 用户口令的管理。
- 组群的管理。

3.1.1 用户和组群概述

1. 用户账户

Linux 基于用户身份对资源访问进行控制，用户账号管理包括新建用户、设置用户账户口令和用户账户维护等内容。通过账户和口令的匹配实现登录 Linux 系统，在用户初次创建时，系统会根据用户的默认配置建立工作环境，使每个用户都能独立使用系统资源。

在 Linux 中，用户主要分为两大类：超级用户账户和普通用户账户。

超级用户账户(root)也称超级管理员，它的任务是对普通用户和整个系统进行管理。超级用户账户对系统具有绝对的控制权，能够对系统进行一切操作。

普通用户账户在系统中只能进行普通工作，只能访问他们拥有的或者有权限执行的文件。

root 用户的 UID 从 1 到 999；普通用户的 UID 可以在创建时由管理员指定，如果不指定，普通用户的 UID 默认从 1 000 开始顺序编号。

在 Linux 中，每个用户都具有相似的用户属性，用户账户信息和组群信息分别存储在系统的用户账户文件 etc/passwd 和组群文件/etc/gpasswd 中，用户密码信息存储在/etc/shadow 中，组群密码信息则存储在/etc/gshadow 中。它记录了这个用户的一些基本属性。这个文件对所有用户都是可读的。在 Linux 系统中，所创建的用户账户及其相关信息(密码除外)均放在/etc/passwd 配置文件中。用 vim 编辑器(或者使用 cat/etc/passwd)打开 passwd 文件，内容格式如下：

```
[root@centos~]# cat /etc/passwd
root:x:0:0:root:/root:/bin/bash
bin:x:1:1:bin:/bin:/sbin/nologin
daemon:x:2:2:daemon:/sbin:/sbin/nologin
adm:x:3:4:adm:/var/adm:/sbin/nologin
```

文件中的每一行代表一个用户账户的资料，可以看到第一个用户是 root，然后是一些标准账户，此类账户的 Shell 为/sbin/nologin，代表无本地登录权限。文件的最后几行一般是由系统管理员创建的普通账户，在此文件中每一行用“:”将一个用户账户资料分隔为 7 个域，每个域的含义如下：

用户名:密码:用户 ID(UID):该用户所在的主组群 ID(GID):用户的描述信息:该用户主目录:命令解释器(登录 Shell)

① “用户名”是代表用户账号的字符串。通常长度不超过 8 个字符，并且由大小写字母和/或数字组成。登录名中不能有冒号(:)，因为冒号在这里是分隔符。为了兼容起见，登录名中最好不要包含点字符(.)，并且不使用连字符(-)和加号(+)打头。

② “密码”字段在早期的系统中，存放着加密后的用户口令字。虽然这个字段存放的只是用户口令的加密串，不是明文，但是由于/etc/passwd 文件对所有用户都可读，所以这仍是一个安全隐患。因此，现在许多 Linux 系统(如 SVR4)都使用了 shadow 技术，把真正加密后的用户口令字存放到/etc/shadow 文件中，而在/etc/passwd 文件的口令字段中只存放一个特殊的字符，例如“x”或者“*”。

③ “用户 ID”是一个整数，系统内部用它来标识用户。一般情况下它与用户名是一一对应的。如果几个用户名对应的用户标识号是一样的，系统内部将把它们视为同一个用户，但是它们可以有不同的口令、不同的主目录以及不同的登录 Shell 等。

④ “该用户所在的主组群 ID”字段记录的是用户所属的组群，它对应着/etc/group 文件中的一条记录。

⑤ “用户的描述信息”字段记录着用户的一些个人情况。例如用户的真实姓名、电话、地址等，这个字段并没有什么实际的用途。在不同的 Linux 系统中，这个字段的格式并没有统

一。在许多 Linux 系统中,此字段存放的是一段任意的注释性描述文字,用作 finger 命令的输出。

⑥ "该用户主目录",也就是用户的起始工作目录。它是用户在登录到系统之后所处的目录。在大多数系统中,各用户的主目录都被组织在同一个特定的目录下,而用户主目录的名称就是该用户的登录名。各用户对自己的主目录有读、写、执行(搜索)权限,其他用户对此目录的访问权限则根据具体情况设置。

⑦ 用户登录后,要启动一个进程,负责将用户的操作传给内核,这个进程是用户登录到系统后运行的命令解释器或某个特定的程序,即 Shell。

需要注意的是密码所在的域总是以"x"填充,加密后的密码保存在/etc/shadow 中,用以提升 Linux 操作系统的安全性。

由于/etc/passwd 文件是所有用户都可读的,如果用户的密码太简单或规律比较明显,一台普通的计算机就能够很容易地将它破解,因此对安全性要求较高的 Linux 系统都把加密后的口令字分离出来,单独存放在一个文件中,这个文件就是/etc/shadow。只有超级用户才拥有该文件读权限,shadow 文件中的信息通常是通过 SHA 512 安全散列算法加密后得到的密文信息,SHA 算法是一种单向的加密算法,理论上是无法破解的,这就保证了用户密码的安全性。

文件内容如下:

```
[root@centos~]# cat /etc/shadow
root:$6$ByexwOpAM4ngzcq7$Kg4sL.FUxNsuKa9zpHLIdBuOgaaxtoaK5RHM0Bdph Nf.37gueKIIZ0UDwFBit1Z
fP/fa7T08fphFovEXN61U6.::0:99999:7:::
bin:*:16925:0:99999:7:::
daemon:*:16925:0:99999:7:::
adm:*:16925:0:99999:7:::
```

和 passwd 中信息一致,文件每一行代表一个用户账户,每一行中的不同属性也通过":"隔开,一共是 8 个":"、9 个字段,每个域所代表的含义如表 3-1 所列。

表 3-1 shadow 文件各字段含义

字 段	说 明
1	用户登录名
2	加密后的用户口令,* 表示非登录用户,!! 表示没有设置密码
3	从 1970 年 1 月 1 日起,到用户最近一次口令被修改的天数
4	从 1970 年 1 月 1 日起,到用户可以更改密码的天数,即最短口令存活期
5	从 1970 年 1 月 1 日起,到用户必须更改密码的天数,即最长口令存活期
6	口令过期前几天提醒用户更改口令
7	口令过期后几天账户被禁用
8	口令被禁用的具体日期(相对日期,从 1970 年 1 月 1 日至禁用时的天数)
9	保留域,用于功能扩展

2. 组 群

组群是具有相同特性用户的逻辑集合,合理使用组群有利于系统管理员按照用户的特性组织和管理用户,提高工作效率。有了组群,在做资源授权时可以把权限赋予某个组群,组群中的成员即可自动获得这种权限。将用户分组是 Linux 系统中对用户进行管理及控制访问权限的一种手段。

每个用户都属于一个组群,一个组中可以有多个用户,一个用户也可以属于不同的组。

当一个用户同时是多个组中的成员时,在/etc/passwd 文件中记录的是用户所属的主组,也就是登录时所属的默认组,而其他组称为附加组。

在 Linux 系统中,创建用户账户的同时也会创建一个与用户同名的组群,该组群是用户的主组群。每个组群都包含组群名、组群 ID(GID)、组群密码、组群列表。其中普通组群的 GID 默认从 1 000 开始编号。

同样的组群信息也保存在文件中,/etc/group 保存了所有组群信息,系统中所有用户都拥有查看的权限,文件内容如下:

```
[root@centos~]# cat /etc/group
root:x:0:user1,user2
bin:x:1:
daemon:x:2:
sys:x:3:
adm:x:4:
```

/etc/group 各字段的含义依次为:组群名称、组群密码(一般也是用“x”占位)、GID 以及属于该组群的用户列表。

组群也有专门存放密码的文件即/etc/gshadow,此文件伴随/etc/group 文件产生,gshadow 文件也只对超级管理员开放,/etc/gshadow 的内容如下:

```
[root@centos~]# cat /etc/gshadow
root:::
bin:::
daemon:::
sys:::
adm:::
```

同样的,该文件每一行代表一个组群属性,每个字段含义为:组群名称、加密后的组群口令(没有密码就用!)、组群的管理员、组群成员列表。

3.1.2 使用命令行工具管理账户

1. 用户账号管理

用户账号管理包括新建用户、删除用户、设置用户账号口令和用户账号维护等内容,添加用户账号就是在系统中创建一个新账号,然后为新账号分配用户号、组群、主目录和登录 Shell 等资源。刚添加的账号是被锁定的,无法使用。使用命令行可以使用户账号管理更加高效,但前提是需要熟悉各用户管理命令。

在系统新建用户可以使用 useradd 或者 adduser 命令,账号建好之后,再用 passwd 设定账号的密码。使用 useradd 命令所建立的账号,实际上保存在/etc/passwd 文本文件中。

useradd 命令的格式为:useradd 参数 username。useradd 命令选项如表 3-2 所列。

表 3-2 useradd 命令参数

选　项	说　明
-c<备注>	加上备注文字,备注文字会保存在 passwd 的备注栏位中
-g<群组>	指定用户所属的群组
-G<群组>	指定用户所属的附加群组
-p	设置加密口令
-m	自动建立用户的登录目录
-M	不要自动建立用户的登录目录
-s<shell>	指定用户登录后所使用的 Shell
-u<uid>	指定用户 ID

例 3-1: 使用命令建立一个新用户账户 test,并设置 UID 为 1024,密码为 123456。

```
[root@centos~]#useradd  -u 1024  -p 123456 test
```

需要说明的是,设定 ID 值时尽量要大于 1 000,以免冲突,因为 Linux 安装后会建立一些特殊用户,一般 0 到 1 000 之间的值留给 bin、mail 这样的系统账号。也可以不指定 UID,用户的 UID 默认从 1 000 开始顺序编号。

例 3-2: 新建一个用户 test1,并将该用户的主组群设置为 test。

```
[root@centos~]#useradd -gtesttest1
```

在新建用户时,如果指定好主组群,则系统不会创建与用户名相同的附属组群。同时系统会在/home 下创建一个与用户名相同的子目录作为该用户的家目录,此时 test1 的 UID 由系统自动分配。

使用 useradd 命令新建用户后在/etc/shadow 和/etc/passwd 文件中都会新增加记录,如果新建用户已经存在,那么在执行 useradd 命令时,系统会提示该用户已经存在。

删除账号命令 userdel,如果一个用户的账号不再使用,可以从系统中删除。删除用户账号就是将/etc/passwd 等系统文件中的该用户记录删除,必要时还要删除用户的主目录。删除一个已有的用户账号使用 userdel 命令,其格式如下:userdel 选项用户名。

常用的选项是-r,它的作用是把用户的主目录一起删除。

例 3-3: 删除用户 test1。

```
[root@centos~]#userdel  -rtest1
```

此命令删除用户 test 在系统文件中(主要是/etc/passwd、/etc/shadow、/etc/group 等)的记录,同时删除用户的主目录。

修改用户账号就是根据实际情况更改用户的有关属性,如用户号、主目录、组群、登录 Shell 等。修改已有用户的信息使用 usermod 命令,其格式如下:

```
usermod 选项用户名
```

常用的选项包括-c、-d、-m、-g、-G、-s、-u 以及-o 等,这些选项的意义与 useradd 命令中的选项一样,同时可以为用户指定新的资源值。另外,有些系统可以使用选项:-l 新用户名,这个选项指定一个新的账号,即将原来的用户名改为新的用户名。

例 3-4: 将用户 test1 的登录 Shell 修改为 exam,主目录改为/home/exam,组群改为 exam。

```
# usermod -s /bin/ksh -d /home/z - g developertest1
```

2. 组群的管理

每个用户都有一个组群,系统可以对一个组群中的所有用户进行集中管理。不同 Linux 系统对组群的规定有所不同,如 Linux 下的用户属于与它同名的组群,这个组群在创建用户时同时创建。组群的管理涉及组群的增加、删除和修改,实际上就是对/etc/group 文件的更新。

① 增加一个新的组群使用 groupadd 命令。其格式如下:groupadd 选项 组群名。

选项参数如下:

-g: GID 指定新组群的组群标识号(GID)。

-o: 一般与-g 选项同时使用,表示新组群的 GID 可以与系统已有组群的 GID 相同。

例 3-4: 向系统中增加一个新组群 group1。

```
# groupadd group1
```

新组群的组标识号(GID)是在当前已有的最大组群标识号的基础上加 1。

例 3-5: 向系统中增加了一个新组群 group2,同时指定新组的组标识号是 101。

```
#groupadd -g 101 group2
```

② 如果要删除一个已有的组群,可以使用 groupdel 命令。其格式如下:groupdel 组群名。

例 3-6: 从系统中删除组群 group1。

```
#groupdel group1
```

③ 修改组群的属性使用 groupmod 命令。其格式如下:groupmod 参数 组群名。

常用的参数有:

-g: GID 为组群指定新的组群标识号。

-o: 与-g 选项同时使用,表示组群的新 GID 可以与系统已有组群的 GID 相同。

-n: 新组群,将组群的名字改为新名字。

例 3-7: 将组群 group2 的组群标识号修改为 102。

```
# groupmod -g 102 group2
```

例 3-8: 将组群 group2 的标识号改为 10000,组名修改为 group3。

```
# groupmod - g 10000 -n group3 group2
```

3.1.3 口令管理和口令时效

在创建用户账户后,如果不添加任何参数信息,系统会根据默认的账户设置文件/etc/login.defs 信息创建用户属性,文件的主要信息包括:

```
PASS_MAX_DAYS   99999               //账户密码最长有效天数
PASS_MIN_DAYS   0                   //账户密码最短有效天数
PASS_MIN_LEN    5                   //账户密码的最小长度
```

```
PASS_WARN_AGE   7           //账户密码过期前提前警告的天数
UID_MIN         1000        //用 useradd 命令创建账户时自动产生的最小 UID 值
UID_MAX         60000       //用 useradd 命令创建账户时自动产生的最大 UID 值
GID_MIN         1000        //用 groupadd 命令创建组群时自动产生的最小 GID 值
GID_MAX         60000       //用 groupadd 命令创建组群时自动产生的最大 GID 值
CREATE_HOME     yes         //创建用户账户时是否为用户创建主目录
```

因此，可以通过对/etc/login.defs 文件的修改，达到指定默认用户参数的目的。

用户管理的一项重要内容是用户口令的管理。用户账号刚创建时没有口令，但是被系统锁定，无法使用，必须为其指定口令后才可以使用，即使是指定空口令。指定和修改用户口令的 Shell 命令是 passwd。超级用户可以为自己和其他用户指定口令，普通用户只能用它修改自己的口令。对于已经创建好的用户，也可以通过命令 passwd 来进行口令的管理，若直接输入 passwd 命令，则修改的是当前用户的密码，若需要修改其他用户密码，则输入 passwd 用户名即可。

其中 passwd 的语法格式为：passwd 参数 用户名。

passwd 命令参数如表 3-3 所列。

表 3-3　passwd 命令参数

命　令	意　义
-k	保持身份验证令牌不过期
-d	删除已命名账号的密码(只有根用户才能进行此操作)
-l	锁定指名账号的密码(仅限 root 用户)
-u	解锁指名账号的密码(仅限 root 用户)
-e	终止指名账号的密码(仅限 root 用户)
-f	强制执行操作
-x	密码的最长有效时限(只有根用户才能进行此操作)
-n	密码的最短有效时限(只有根用户才能进行此操作)
-w	在密码过期前多少天开始提醒用户(只有根用户才能进行此操作)
-i	当密码过期后经过多少天该账号会被禁用(只有根用户才能进行此操作)

系统创建后，默认没有设置密码，只有成功设置好密码后才可以登录系统，修改 Linux 用户的密码可以使用 passwd 命令。普通用户只能修改自己的密码，超级用户 root 可以修改任何用户的密码。

例 3-9：为 test1 用户设置初始密码。

```
[root@centos~]# passwd test1
```

更改用户 test1 的密码。

新的密码：# 在此输入新的密码。

重新输入新的密码：# 在此重复输入新的密码。

passwd：所有的身份验证令牌已经成功更新。

需要注意的是在超级管理员创建用户账号后，需要使用 passwd 命令为用户设置初始口令，否则用户无法正常登录，其次 Linux 中键入密码默认不显示。为了保证 Linux 用户口令的安全性等，建议按照下面规则设置密码：长度大于 8 位；密码中包含大小写字母、数字以及特殊字符等；密码具备不规则性，不能是某个单词的拼写或有规律的数字。

例 3－10：使用 passwd 命令修改 root 用户密码。

```
[root@centos~]# passwd root
```

更改用户 root 的密码。
新的密码：# 在此输入新的密码。
重新输入新的密码：# 在此重复输入新的密码。
passwd：所有的身份验证令牌已经成功更新。

例 3－11：使用 passwd 命令锁定指定用户密码。

```
[root@centos~]# passwd -l root
```

锁定用户 root 的密码。
passwd：操作成功。
用户锁定后，则不能登录系统，但是可以使用 su 命令从其他用户切换到该用户。

例 3－12：使用 passwd 命令解锁指定用户密码。

```
[root@centos~]# passwd -u root
```

解锁用户 root 的密码。
passwd：操作成功。

例 3－13：查看用户状态。

```
[root@centos~]# passwd -S root
root PS1969-12-31 0 99999 7 -1（密码已设置，使用 SHA512 算法）
```

设置组群密码命令 gpasswd，其实 gpasswd 命令可以用来设定组群密码，也可以用于把用户添加进组群或从组群中删除。组群密码和组群管理员功能很少使用，而且完全可以被 sudo 命令取代，所以 gpasswd 命令现在主要用于把用户添加进组群或从组群中删除。gpasswd 语法：gpasswd 参数 组群名。

gpasswd 主要是设置群组密码或者是在组群中添加、删除用户，主要参数如表 3－4 所列。

表 3－4　gpasswd 主要参数

参　数	意　义
-a<用户>	添加指定用户到组群中
-d<用户>	从组群删除指定用户
-A<组群管理员>	指定组群管理员
-M<用户>	设置组群的成员列表
-r	删除一个组群的密码
-R	限制用户登录组，只有组中的成员才可以用 newgrp 加入该组

例 3－14：使用 gpasswd 命令将 username 用户添加到 groupname 组群中。

```
[root@centos~]#gpasswd -a username groupname
```

例 3-15：使用 gpasswd 命令从 groupname 组群中删除 username 用户。

```
[root@centos~]#gpasswd -d username groupname
```

例 3-16：使用 gpasswd 命令删除一个组群的密码。

```
[root@centos~]#gpasswd -r groupname
```

3.2 文件权限管理

文件是操作系统用来存储信息的基本结构，是一组信息的集合。文件通过文件名来唯一标识。Linux 中的文件名称最长可允许 255 个字符，这些字符可用 A～Z、0～9、.、_、-等符号来表示，与其他操作系统相比，Linux 没有“扩展名”的概念，也就是说文件的名称和该文件的种类并没有直接关联。

在 Linux 中的每一个文件或目录都包含有访问权限，这些访问权限决定了谁能访问和如何访问这些文件和目录。可以通过以下 3 种访问方式限制访问权限：

① 只允许用户自己访问；

② 允许一个预先指定的用户组中的用户访问；

③ 允许系统中的任何用户访问。

它的另一个特性是 Linux 文件名区分大小写。Linux 系统一般将文件可存/取访问的身份分为 3 个类别：owner、group、others，且 3 种身份各有 read、write、execute 等权限。

3.2.1 操作权限概述

在多用户(可以不同时)计算机系统的管理中，权限是指某个特定的用户具有特定的系统资源使用权力，像是文件夹、特定系统指令的使用或存储量的限制。

1. 权限介绍

在 Linux 中分别有读、写、执行权限：

① 读权限：对于文件夹来说，读权限影响用户是否能够列出目录结构；对于文件来说，读权限影响用户是否可以查看文件内容。

② 写权限：对于文件夹来说，写权限影响用户是否可以在文件夹下“创建/删除/复制到/移动到”文档；对于文件来说，写权限影响用户是否可以编辑文件内容。

③ 执行权限：一般都是对于文件来说，特别是脚本文件。

可以用“ls -l”或者 ll 命令显示文件的详细信息，其中包括权限。代码如下：

```
[root@centos~]#ll
total 84
drwxr-xr-x2 root root  4096 Aug  9 15:03 Desktop
-rw-r--r--1 root root  1421 Aug  9 14:15 anaconda-ks.cfg
-rw-r--r--1 root root  6107 Aug  9 14:15 install.log.syslog
drwxr-xr-x2 root root  4096 Sep  1 13:54 webmin
```

其中每一行代表一个文件或目录，每个字段含义如图 3-1 所示。

根据赋予权限的不同，3 种不同的用户(所有者、用户组或其他用户)能够访问不同的目录

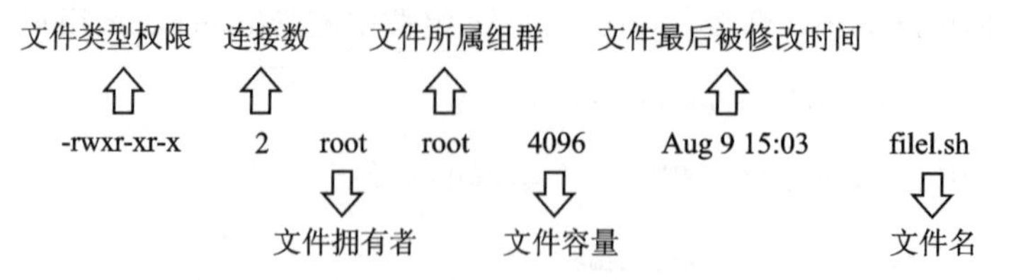

图 3－1 文件属性示意图

或者文件。所有者是创建文件的用户，能够授予所在用户组的其他成员以及系统中除所属组之外的其他用户的文件访问权限。

每一个用户针对系统中的所有文件都有它自身的读、写和执行权限：

第一套权限控制访问自己的文件权限，即所有者权限；

第二套权限控制用户组访问其中一个用户文件的权限；

第三套权限控制其他所有用户访问一个用户文件的权限。

这三套权限赋予用户不同类型（即所有者、用户组和其他用户）的读、写及执行权限，就构成了 9 种类型的权限组。

在 Linux 系统下，每个账号会附属于一个或多个组群。举例来说明：user1、user2、user3 均属于 test 这个组群，假设某个文件所属的组群为 test，且该文件的权限为（- rwxrwx ---），则 user1、user2、user3 这 3 人对于该文件都具有可读、可写、可执行的权限（看组群权限），但如果是不属于 test 的其他账号，对于此文件就不具有任何权限了。

2. 身份介绍

① owner 身份（文件所有者，默认为文档的创建者）

由于 Linux 是多用户多任务的操作系统，因此可能常常有多人同时在某台主机上工作，但每个人均可在主机上设置文件的权限，让其成为个人的“私密文件”，即个人所有者。因为设置了适当的文件权限，除本人（文件所有者）之外的用户无法查看文件内容。

② group 身份（与文件所有者同组的用户）

与文件所有者同组最有用的功能就体现在多个团队在同一台主机上开发资源的时候。例如主机上有 A、B 两个团体，A 中有 a1、a2、a3 三个成员，B 中有 b1、b2 两个成员，这两个团体要共同完成一份报告 F。由于设置了适当的权限，A、B 团体中的成员都能互相修改对方的数据，但是团体 C 的成员则不能修改 F 的内容，甚至连查看的权限都没有。同时，团体的成员也能设置自己的私密文件，让团体的其他成员也读取不了文件数据。在 Linux 中，每个账户支持多个组群，如用户 a1、b1 既可属于 A 组群，也可属于 B 组群（主组和附加组）。

③ root 用户（超级用户）

在 Linux 中，还有一个神一样存在的用户，这就是 root 用户，因为在所有用户中它拥有最高的权限，管理着普通用户。

3.2.2 更改操作权限

1. Linux 文件权限介绍

要设置权限就需要知道文件的一些基本属性和权限的分配规则。在 Linux 中，ls 命令常用来查看文件的属性，用于显示文件的文件名和相关属性。Linux 中存在用户、组群和其他人概念，各自有不同的权限，对于一个文档来说，其权限具体分配如图 3－2 所示。

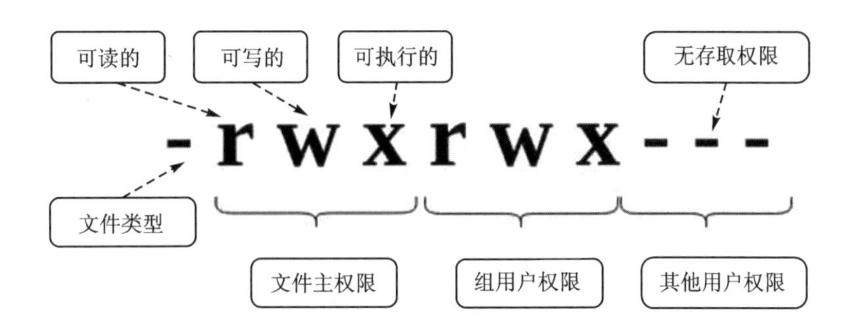

图 3-2 文件权限属性

权限属性信息的十位字符表示含义如下：

第 1 位：表示文档类型，取值常见的有“d”表示文件夹、“-”表示文件、“l”表示软连接”、“s”表示套接字等；

第 2～4 位：表示文档所有者的权限情况，第 2 位表示读权限的情况，取值有 r、-；第 3 位表示写权限的情况，w 表示可写，-表示不可写，第 4 位表示执行权限的情况，取值有 x、-。

第 5～7 位：表示与所有者同在一个组的用户权限情况，第 5 位表示读权限的情况，取值有 r、-；第 6 位表示写权限的情况，w 表示可写，-表示不可写，第 7 位表示执行权限的情况，取值有 x、-。

第 8～10 位：表示除了上面前 2 部分用户之外的其他用户的权限情况，第 8 位表示读权限的情况，取值有 r、-；第 9 位表示写权限的情况，w 表示可写，-表示不可写，第 10 位表示执行权限的情况，取值有 x、-。

下面举例说明：

brwxr--r--：该文件是块设备文件，文件所有者具有读、写和执行的权限，其他用户则仅具有读权限。

-rw-rw-r-x：该文件是普通文件，文件所有者与同组用户对文件具有读、写的权限，而其他用户仅具有读和执行的权限。

drwx--x--x：该文件是目录文件，目录所有者具有读、写和进入目录的权限，其他用户能进入该目录，却无法读取任何数据。

2. 文件权限更改方法

通常在权限修改时可以用两种方式来表示权限类型：数字表示法和文字表示法，均使用 chmod 命令执行，用于改变文件或目录的访问权限。用户用它控制文件或目录的访问权限。

chmod 命令的格式如下：chmod 选项 文件。

使用权限的文字表示法时，系统用如下 4 种字母来表示不同的用户：

u：user，表示所有者；

g：group，表示属组群；

o：others，表示其他用户；

a：all，表示以上 3 种用户。

操作符号包括以下几种：

+：表示给具体的用户新增权限（相对当前）；

-：表示删除用户的权限(相对当前)；

=：表示将权限设置成具体的值(注重结果)【赋值】。

在权限分配中，均是 r、w、x 的三个参数组合，且位置顺序不会变化，没有对应权限就用"-"代替。

使用下面 3 种字符的组合表示法设置操作权限：

r：read，可读；

w：write，写入；

x：execute，执行。

例 3-17：解读一下该文档权限。

```
-rw-------. 1 root root 1691 9 月  10 04:33 anaconda-ks.cfg
```

横线代表空许可，没有权限。r 代表只读，w 代表写，x 代表可执行。注意这里共有 10 个位置。第一个字符指定了文件类型。在通常意义上，一个目录也是一个文件。如果第一个字符是横线，表示是一个非目录的文件。如果是 d，表示是一个目录。所以这是一个普通文件，只有 root 用户具有可读可写的权限。

确定了一个文件的访问权限后，用户可以利用 Linux 系统提供的 chmod 命令来重新设定不同的访问权限，也可以利用 chown 命令来更改某个文件或目录的所有者。利用 chgrp 命令来更改某个文件或目录的组群。

例 3-18：如果 anaconda-ks.cfg 文件什么权限都没有，可以使用 root 用户设置所有人都有执行权限，则可以写成：

```
#chmod  +x anaconda-ks.cfg
#chmod a=x anaconda-ks.cfg
#chmod a+x anaconda-ks.cfg
```

注意：上述三种方法虽然都可以设置所有人都有执行权限，但是每一个方法执行的结果是不一样的，这里要注意区分"+"和"="的区别，一个是权限添加，一个是权限赋值。

另一种修改权限的方法为数字表示法，所谓数字表示法是指将读取(r)、写入(w)和执行(x)分别赋予固定权值，以数字 4、2、1 来表示，没有赋予的权限就表示为 0，然后再把所赋予的权限相加而成。表 3-5 为几个范例。

表 3-5　数字表示法

原始权限	转换为数字	数字表示法
rwxrwxr-x	(421) (421) (401)	775
rwxr-xr-x	(421) (401) (401)	755
rw-rw-r--	(420) (420) (400)	664
rw-r--r--	(420) (400) (400)	644

例 3-19：给 anaconda-ks.cfg 设置权限，要求所有者拥有全部权限，同组用户拥有读和执行权限，其他用户只读。

分析：

全部权限(u)：读+写+执行=4+2+1=7；读和执行(g)：读+执行=4+1=5；读权限

(o):读=4。

由上得知权限为:754。

```
[root@centos~]#chmod 754 anaconda-ks.cfg
[root@centos~]#ll
总用量 8
-rwxr-xr--. 1 root root 1691 9月  10 04:33 anaconda-ks.cfg
```

3.2.3 更改属主和同组人

在Linux中,通过ls -l命令可以查看文件的详细属性,也可以查看文件的拥有者和文件所属组群,这些属性都可以通过命令来修改,其中属主:所属的用户(文件的主人),属组:所属的组群,这两项信息在文档创建的时候会使用创建者的信息(用户名、用户所属的主组名称)。如果有时候去删除某个用户,则该用户对应的文档的属主和属组信息就需要修改。对应的命令为chown、chgrp。

1. chown

chown命令用于设置文件所有者和文件关联组的命令。Linux是多用户多任务的操作系统,所有的文件都有拥有者。利用chown将指定文件的拥有者改为指定的用户或组,用户可以是用户名或者用户ID,组可以是组名或者组ID,文件是以空格分开的要改变权限的文件列表。

只有超级用户root的权限才能执行chown命令。只有超级用户和属于组的文件所有者才能变更文件关联组。

语法格式:chown 参数 user:group 文件目录。

主要参数:

user:新的文件拥有者的使用者ID;

group:新的文件拥有者的使用者组(group);

-R:处理指定目录以及其子目录下的所有文件。

例3-20: 把/var/run/httpd.pid文件的所有者设置为root。

```
chown root /var/run/httpd.pid
```

将文件file1.txt的拥有者设为test1,群体的使用者为group:

```
chowntest1:group file1.txt
```

将当前目录下的所有文件与子目录的拥有者设为test1,群体的使用者为group:

```
chown -Rtest1:group *
```

把/home/test1的关联组设置为512(关联组ID),不改变所有者:

```
chown :512 /home/test1
```

2. chgrp

chgrp命令用于变更文件或目录的所属组群。与chown命令不同,chgrp允许普通用户改变文件所属的组,只要该用户是该组的一员。在Linux系统中,文件或目录权限的掌控被拥有者及所属组群管理。可以使用 chgrp 指令来变更文件与目录的所属组群,设置方式采用组群名称或组群识别码皆可。语法规则如下:chgrp 参数 groupname 文件目录。

主要参数:

-v:显示指令执行过程;

-R:递归处理,将指定目录下的所有文件及子目录一并处理。

例 3-21: 改变/var/run/sshd.pid 文件的组群属性为 bin。

```
[root@centosrun]#ll |grep sshd.pid
-rw-r--r--.  1 root  root  5 2月  23 11:33 sshd.pid
[root@centosrun]#chgrp -v bin sshd.pid
changed group of "sshd.pid" from root to bin
[root@centosrun]#ll |grep sshd.pid
-rw-r--r--.  1 root  bin  5 2月  23 11:33 sshd.pid
```

3.2.4 预设权限 umask 的使用

Linux 中可以使用 umask 命令指定在建立文件时预设的权限掩码,权限掩码由 3 个八进制的数字组成,将现有的存取权限减掉权限掩码后,即可产生建立文件时预设的权限。语法规则如下:umask -S 权限掩码。

参数含义:

-S:以符号类型的方式来表示权限掩码。

获取 umask 的方式有两种:一种是直接输入 umask,就可以看到数字体态的权限设置分数,一个四组数字,第一组是特殊权限用的,这里只看后三组;另一种是加入-S 这个选项,就会以符号类型的方式来显示权限了。

例 3-22: 查阅当前用户默认权限。

```
[root@centos~]#umask
0022
[root@centos~]#umask -S
u=rwx,g=rx,o=rx
```

需要在默认权限的属性上,目录与文件是不一样的,执行权限对于目录是非常重要的,对于目录而言代表能否进入目录,但是一般文件的创建则不应该有执行的权限,因为一般文件通常是用于数据的记录,当然不需要执行的权限了。因此,默认的情况如下:

若使用者创建为“文件”,则默认“没有可执行(x)权限”,即只有 r、w 这两个权限,也就是最大为 666 分,默认权限如下:-rw-rw-rw-;

若使用者创建为“目录”,则由于 x 与是否可以进入此目录有关,因此默认为所有权限均开放,即为 777 分,默认权限如下:drwxrwxrwx。

umask 的权限掩码指的是“该默认值指的是需要减掉的权限!”,因为 r、w、x 的值分别是 4、2、1,也就是说,如果要去掉能写的权限,就是输入 2,如果要去掉能读的权限,也就是 4,那么要去掉读与写的权限,也就是 6,而要拿掉执行与写入的权限,也就是 3,5 代表的就是读与执行的权限了。

根据例 3-22 来说明，因为 umask 为 022，所以当前用户并没有被拿掉任何权限，不过 group 与 others 的权限被拿掉了 2(也就是 w 这个权限)。那么当使用者创建文件和目录时，显示过程如下：

创建文件时：(-rw-rw-rw-)-(-----w--w-) ==>-rw-r--r--

创建目录时：(drwxrwxrwx)-(d----w--w-) ==>drwxr-xr-x

相当于文件或目录默认权限(参考上边补充说明)减 umask 分数等于新建的文件和目录权限。

例 3-24： 新建一个文件和目录，并查看其默认权限。

```
[root@centos~]# mkdirdir-test
[root@centos~]# touch file-test
[root@centos~]# ls -l
总用量 8
drwxr-xr-x. 2 root root     6 2月  23 11:38 dir-test
-rw-r--r--. 1 root root     0 2月  23 11:38 file-test
```

在权限预设的情况下，root 的 umask 会去掉比较多的权限属性，root 的 umask 默认是 0022，这是基于安全的考虑，至于一般身份使用者，通常他们的 umask 为 0002，亦即保留同组群的写入权力。

思考：假设 umask 为 003，在此情况下建立的文件与目录的权限又是怎样的呢？

umask 为 003，所以去掉的权限为--------wx，因此相关权限如下：

文件：(-rw-rw-rw-) -(--------wx)=-rw-rw-r--。

目录：(drwxrwxrwx) -(d--------wx)=drwxrwxr--。

3.2.5 使用 ACL 权限

ACL 是 Access Control List(访问控制列表)的缩写，在 Linux 系统中，ACL 用于设定用户针对文件的权限，想要让某个用户不具备某个权限，直接不给他分配这个目录的相应权限即可，Linux 中一般权限、特殊权限、隐藏权限其实有一个共性——权限是针对某一类用户设置的。如果希望对某个指定的用户进行单独的权限控制，就需要用到文件的访问控制列表了。

为了更直观地看到 ACL 对文件权限控制的强大效果，可以先切换到普通用户，然后尝试进入 root 管理员的家目录中。在没有针对普通用户对 root 管理员的家目录设置 ACL 之前，其执行结果如下：

```
[root@centos~]# su test
[test@centosroot]$ cd /root
bash: cd: /root: 权限不够
```

为了解决这一问题，可以通过 setfacl 和 getfacl 命令来修改。

1. setfacl 命令

setfacl 命令用于管理文件的 ACL 规则，格式如下：

给用户设定 ACL 权限：setfacl -m u:用户名:权限 指定文件名

给组群设定 ACL 权限：setfacl -m g:组群名:权限 指定文件名

注意:给用户或组群设定 ACL 权限其实并不是真正设定的权限,与 mask 的权限"相与"之后的权限才是用户的真正权限,一般默认 mask 权限都是 rwx,与所设定的权限"相与"就是设定的权限。

文件的 ACL 提供的是在所有者、所属组、其他人的读/写/执行权限之外的特殊权限控制,使用 setfacl 命令可以针对单一用户或用户组、单一文件或目录来进行读/写/执行权限的控制。其中,针对目录文件需要使用-R 递归参数;针对普通文件可以使用-m 参数;如果想要删除某个文件的 ACL,可以使用-x 参数。

下面来设置指定用户在/root 目录上的权限:

```
[root@centos~]# setfacl -Rm u:test:rwx /root
[root@centos~]# su test
[test@centosroot]$ cd /root
[test@centosroot]$ ls -l
总用量 8
-rwxrwxr--+ 1 root root 1691 9月  10 04:33 anaconda-ks.cfg
drwxrwxr-x+ 2 root root    6 2月  23 11:38 dir-test
-rw-rwxr--+ 1 root root    0 2月  23 11:38 file-test
```

怎样查看文件上有哪些 ACL 呢? 常用的 ls 命令看不到 ACL 表信息,却可以看到文件的权限最后一个点(.)变成了加号(+),这就意味着该文件已经设置了 ACL。

2. getfacl 命令

getfacl 命令用于显示文件上设置的 ACL 信息,格式为"getfacl 文件名称"。想要设置 ACL,用的是 setfacl 命令;要想查看 ACL,则用的是 getfacl 命令。下面使用 getfacl 命令显示在 root 管理员家目录上设置的所有 ACL 信息。

```
[test@centosroot]$ getfacl /root
getfacl: Removing leading '/' from absolute path names
# file: root
# owner: root
# group: root
user::r-x
user:test:rwx
group::r-x
mask::rwx
other::---
```

通过使用 getfacl 和 setfacl 命令可以实现某个指定的用户进行单独的权限控制,提升系统的安全性。

3.3 进程管理

进程是正在运行的程序实体,并且包括这个运行的程序中占据的所有系统资源,比如说 CPU(寄存器)、I/O、内存、网络资源等。很多人在回答进程概念的时候,往往只会说它是一个运行的实体,而会忽略掉进程所占据的资源。比如说,同样一个程序,同一时刻被两次运行了,那么他们就是两个独立的进程。

3.3.1 进程概述

从用户的角度来看，进程是程序的一次执行过程，从操作系统的核心来看，进程是操作系统分配的内存、CPU 时间片等资源的基本单位。进程是资源分配的最小单位，每一个进程都有自己独立的地址空间与执行状态。像 Linux 这样的多任务操作系统能够让许多程序同时运行，每一个运行着的程序就构成了一个进程。进程是程序的一个具体实现，也是执行程序的过程，类似于按照食谱真正去做菜的过程。同一个程序可以执行多次，每次都可以在内存中开辟独立的空间来装载，从而产生多个进程。

操作系统的一个重要功能就是为进程提供方便，比如说为进程分配内存空间、管理进程的相关信息等。

3.3.2 查看进程

进程管理类命令是对进程进行各种显示和设置的命令，查看进程的命令主要有 ps、pstree、pidof 等。

1. ps 命令

ps 命令主要用于查看系统的进程。该命令的语法为：ps [参数]。

显示进程信息，参数可省略，ps 命令的常用参数选项如下：

- a：显示当前控制终端的进程（包含其他用户的）。
- u：显示进程的用户名和启动时间等信息。
- w：宽行输出，不截取输出中的命令行。
- l：按长格形式显示输出。
- x：显示没有控制终端的进程。
- e：显示所有的进程。
- t n：显示第 n 个终端的进程。

例 3-25： 使用 ps 查看系统进程。

```
[test@centosroot]$ps -aux
USER      PID %CPU %MEM    VSZ   RSS   TTY   STAT  START  TIME  COMMAND
root        1  0.0  0.3 194936  6744   ?     Ss    11:33  0:03  /usr/lib/syste
root        2  0.0  0.0      0     0   ?     S     11:33  0:00  [kthreadd]
root        3  0.0  0.0      0     0   ?     S     11:33  0:00  [ksoftirqd/0]
root        5  0.0  0.0      0     0   ?     S<    11:33  0:00  [kworker/0:0H]
```

注意： ps 通常和重定向、管道等命令一起使用，用于查找出所需的进程。输出内容的第一行的中文解释是：进程的所有者；进程 ID 号；运算器占用率；内存占用率；虚拟内存使用量（单位是 KB）；占用的固定内存量（单位是 KB）；所在终端进程状态；被启动的时间；实际使用 CPU 的时间；命令名称与参数等。

在终端中执行 ps aux，各列输出字段的含义如表 3-6 所列。

表 3-6　ps 各列输出结果

<table>
<tr><th>参　数</th><th colspan="2">意　义</th></tr>
<tr><td>USER</td><td colspan="2">进程所有者</td></tr>
<tr><td>PID</td><td colspan="2">进程 ID</td></tr>
<tr><td>%CPU</td><td colspan="2">CPU 占用率</td></tr>
<tr><td>%MEM</td><td colspan="2">内存占用率</td></tr>
<tr><td>VSZ</td><td colspan="2">进程占用的虚拟内存大小</td></tr>
<tr><td>RSS</td><td colspan="2">占用的固定内存大小</td></tr>
<tr><td>TTY</td><td colspan="2">终端 ID</td></tr>
<tr><td rowspan="8">STAT</td><td colspan="2">进程状态</td></tr>
<tr><td>D</td><td>不可中断</td></tr>
<tr><td>R</td><td>正在运行或在队列中的进程</td></tr>
<tr><td>S</td><td>处于休眠状态</td></tr>
<tr><td>T</td><td>停止或被追踪</td></tr>
<tr><td>Z</td><td>僵尸进程</td></tr>
<tr><td>W</td><td>进入内存交换(从内核 2.6 开始无效)</td></tr>
<tr><td>X</td><td>死掉的进程</td></tr>
<tr><td>TIME</td><td colspan="2">进程已消耗的 CPU 时间</td></tr>
<tr><td>COMMAND</td><td colspan="2">启动进程的命令</td></tr>
</table>

2. pstree 命令

pstree 命令将所有行程以树状图显示，树状图将会以 PID(如果有指定)或是以 init 这个基本行程为根(root)，如果有指定使用者 ID，则树状图会只显示该使用者所拥有的行程。语法格式如下：pstree[参数]。

树状显示进程参数信息如表 3-7 所列。

表 3-7　pstree 参数详细信息

参　数	意　义
-a	显示完整命令及参数
-c	重复进程分别显示
-n	按 PID 排列进程

3. pidof 命令

pidof 命令用于查询某个指定服务进程的 PID 值，该命令格式为：pidof [参数] [服务名称]。

每个进程的进程号码值(PID)是唯一的，因此可以通过 PID 来区分不同的进程。

例 3-26： 使用如下命令来查询本机上 sshd 服务程序的 PID。

```
[root@centos~]#pidof sshd
1190
```

3.3.3　杀死进程

当一个进程在前台进程运行时，可以用“Ctrl+C”组合键来终止它，但后台进程无法使用这种方法终止，此时可以使用 kill 命令向进程发送强制终止信号。结束进程的命令有 kill、 pkill、killall、xkill 等，主要以 kill 命令为主，kill 命令的格式如下：kill 信号代码 进程 PID。

根据 PID 向进程发送信号，常用来结束进程，默认信号代码为 -9。kill 命令信号代码可取值如下（可使用 kill -l 查看）：

```
[root@centos~]# kill -l
1) SIGHUP    2) SIGINT    3) SIGQUIT    4) SIGILL    5) SIGTRAP
6) SIGABRT    7) SIGBUS    8) SIGFPE    9) SIGKILL    10) SIGUSR1
11) SIGSEGV    12) SIGUSR2    13) SIGPIPE    14) SIGALRM    15) SIGTERM
16) SIGSTKFLT    17) SIGCHLD    18) SIGCONT    19) SIGSTOP    20) SIGTSTP
21) SIGTTIN    22) SIGTTOU    23) SIGURG    24) SIGXCPU    25) SIGXFSZ
26) SIGVTALRM    27) SIGPROF    28) SIGWINCH    29) SIGIO    30) SIGPWR
31) SIGSYS    34) SIGRTMIN    35) SIGRTMIN+1    36) SIGRTMIN+2    37) SIGRTMIN+3
38) SIGRTMIN+4    39) SIGRTMIN+5    40) SIGRTMIN+6    41) SIGRTMIN+7    42) SIGRTMIN+8
43) SIGRTMIN+9    44) SIGRTMIN+10    45) SIGRTMIN+11    46) SIGRTMIN+12    47) SIGRTMIN+13
48) SIGRTMIN+14    49) SIGRTMIN+15    50) SIGRTMAX-14    51) SIGRTMAX-13    52) SIGRTMAX-12
53) SIGRTMAX-11    54) SIGRTMAX-10    55) SIGRTMAX-9    56) SIGRTMAX-8    57) SIGRTMAX-7
58) SIGRTMAX-6    59) SIGRTMAX-5    60) SIGRTMAX-4    61) SIGRTMAX-3    62) SIGRTMAX-2
63) SIGRTMAX-1    64) SIGRTMAX
```

主要信号代码如表 3-8 所列。

表 3-8 kill 命令主要信号代码

信号代码	显示、翻译信号代码	信号代码	显示、翻译信号代码
-9,-KILL	发送 kill 信号退出	-4,-ILL	非法指令
-6,-ABRT	发送 abort 信号退出	-11,-SEGV	内存错误
-15,-TERM	发送 Termination 信号	-13,-PIPE	破坏管道
-1,-HUP	挂起	-14,-ALRM	—
-2,-INT	从键盘中断，相当于 Ctrl+C	-STOP	停止进程，但不结束
-3,-QUIT	从键盘退出，相当于 Ctrl+D	-CONT	继续运行已停止的进程

上述命令用于显示 kill 命令所能够发送的信号种类。每个信号都有一个数值对应，例如 SIGKILL 信号的值为 9。

killall 命令用于终止某个指定名称的服务所对应的全部进程，该命令格式为：killall[参数][进程名称]。

通常来讲，复杂软件的服务程序会有多个进程协同为用户提供服务，如果逐个去结束这些进程会比较麻烦，此时可以使用 killall 命令来批量结束某个服务程序带有的全部进程。

下面以 httpd 服务程序为例，来结束其全部进程。

```
[root@centos~]# pidof httpd
13581 13580 13579 13578 13577 13576
[root@centos~]# killall -9 httpd
[root@centos~]# pidof httpd
```

3.3.4 作业控制

启动、停止、无条件终止以及恢复作业的这些功能统称为作业控制，通过作业控制，就能完全控制 Shell 中正在运行的所有作业。使用 Ctrl+C 组合键结束正在运行的作业，Ctrl+Z 组合键暂停正在运行的作业。

(1) 将命令后台运行的 & 符号

Shell 环境下，存在前台(foreground)和后台(background)两种作业。第一种是前台作业，可以控制的作业；第二种是后台作业，在内存可以自行运行的作业，无法直接控制，除非用命令调出来把前台作业放在后台，把命令放入后台的方法是在命令后面加入空格 &。使用这种方法放入后台的命令，在后台处于执行状态。

```
[root@centos~]# ping 192.168.10.20 >1.txt &
[1] 5999
```

注意：放入后台执行的命令不能与前台有交互，否则这个命令是不能在后台执行的。

(2) jobs 命令

jobs 命令用于查看在后台运行的进程，工作管理的名字也来源于 jobs 命令。jobs 命令的基本语法格式为：jobs[参数]。

jobs 主要的参数如表 3-9 所列。

表 3-9 jobs 命令常用选项及含义

选 项	含 义
-l(L 的小写)	列出进程的 PID 号
-n	只列出上次发出通知后改变了状态的进程
-p	只列出进程的 PID 号
-r	只列出运行中的进程
-s	只列出已停止的进程

例 3-27：使用 jobs 查看后台运行的任务。

```
[root@centos~]# ping 192.168.10.20 >1.txt &
[1] 5999
[root@centos~]# jobs
[1]+   运行中                ping 192.168.10.20 > 1.txt &
```

(3) 使后台作业从暂停到运行：bg

```
[root@centos~]#bg
bash: bg: 任务 1 已在后台
```

(4) 将后台作业提到前台处理：fg

例如：

```
[root@centos~]#fg
ping 192.168.10.20 > 1.txt
```

3.4 管理守护进程

无论是 Linux 系统管理员还是普通用户，监视系统进程的运行情况并适时终止一些失控的进程是每天的例行事务。和 Linux 系统相比，进程管理在 Windows 中更加直观，它主要是使用“任务管理器”来进行进程管理的。

通常，使用“任务管理器”主要有 3 个目的：首先利用“应用程序”和“进程”标签来查看系统中到底运行了哪些程序和进程；其次利用“性能”和“用户”标签来判断服务器的健康状态；最后在“应用程序”和“进程”标签中强制终止任务和进程。

Linux 中虽然使用命令进行进程管理，但是进程管理的主要目的是一样的，即查看系统中运行的程序和进程、判断服务器的健康状态和强制终止不需要的进程。进程管理主要有以下 3 个作用。

(1) 判断服务器的健康状态

首先应保证服务器安全、稳定地运行。理想的状态是，在服务器出现问题但是还没有造成服务器宕机或停止服务时，就人为干预解决了问题。

进程管理最主要的工作就是判断服务器当前运行是否健康，是否需要人为干预。如果服务器的 CPU 占用率、内存占用率过高，就需要人为介入解决问题了，最理想的状态是服务器宕机之前就解决问题，从而避免服务器的宕机。

(2) 查看系统中所有的进程

通过查看系统中所有正在运行的进程，判断系统中运行了哪些服务、是否有非法服务在运行。

(3) 杀死进程

这是进程管理中最不常用的手段。当需要停止服务时，会通过正确关闭命令来停止服务（如 apache 服务可以通过 service httpd stop 命令来关闭）。只有在正确终止进程手段失效的情况下，才会考虑使用 kill 命令杀死进程。

3.4.1 初始化进程服务

在 Linux 发展的过程中系统启动一直采用 init 进程。这种方法有两个缺点：一是启动时间长。init 进程是串行启动，只有前一个进程启动完，才会启动下一个进程。二是启动脚本复杂。init 进程只是执行启动脚本，不管其他事情。脚本需要自己处理各种情况，这往往使得脚本变得很长。Systemd 就是为了解决这些问题而诞生的，它的设计目标是为系统的启动和管理提供一套完整的解决方案。Linux 系统选择 Systemd 初始化进程服务已经是一个既定事实，因此没有“运行级别”这个概念。Linux 系统在启动时要进行大量的初始化工作，如挂载文件系统和交换分区、启动各类进程服务等，这些都可以看作是一个一个的单元(Unit)。运行级别如表 3－10 所列。

表 3－10　运行级别分类

System V init 运行级别	Systemd 目标名称	作　用
0	runlevel0. target，poweroff. target	关机
1	runlevel1. target，rescue. target	单用户模式
2	runlevel2. target，multi-user. target	等同于级别 3
3	runlevel3. target，multi-user. target	多用户的文本界面
4	runlevel4. target，multi-user. target	等同于级别 3

续表 3-10

System V init 运行级别	Systemd 目标名称	作　用
5	runlevel5. target，graphical. target	多用户的图形界面
6	runlevel6. target，reboot. target	重启
emergency	emergency. target	紧急 Shell

在 init 的配置文件中有这么一行：si::sysinit:/etc/rc. d/rc. sysinit，它调用执行了/etc/rc. d/rc. sysinit，而 rc. sysinit 是一个 bash shell 的脚本，主要完成一些系统初始化的工作，rc. sysinit 是每一个运行级别都要首先运行的重要脚本。它主要完成的工作有：激活交换分区、检查磁盘、加载硬件模块以及其他一些需要优先执行的任务。

3.4.2 使用 Systemctl 管理服务

Systemctl 是一个 Systemd 工具，主要负责控制 Systemd 系统和服务管理器，是一个系统管理守护进程、工具和库的集合，用于取代 System V 初始进程。Systemd 的功能是用于集中管理和配置类 UNIX 系统。

在 Linux 生态系统中，Systemd 被部署到大多数的标准 Linux 发行版中，只有为数不多的几个发行版尚未部署。Systemd 通常是所有其他守护进程的父进程，但并非总是如此。Systemctl 命令是系统服务管理器指令，它实际上将 service 和 chkconfig 这两个命令组合到一起，具体的 Systemctl 管理服务指令如表 3-11 所列。

表 3-11　Systemctl 管理服务指令

任　务	指　令
使某服务自动启动	systemctl enable httpd. service
使某服务不自动启动	systemctl disable httpd. service
检查服务状态	systemctl status httpd. service（服务详细信息）
显示所有已启动的服务	systemctl list-units --type=service
启动某服务	systemctl start httpd. service
停止某服务	systemctl stop httpd. service
重启某服务	systemctl restart httpd. service

3.5 监视系统性能

如何对现有 IT 架构的整体以及细节运行情况进行科学、系统和高效地监控是目前各企业运维和管理部门一项非常重要的工作内容。随着当前企业 IT 环境中服务器、应用数量和类型的不断增加，运维部门需要通过科学和高效的手段尽可能详细、实时和准确地获取整个架构中具体到每个服务器、每个系统甚至每个应用程序工作的细节，并且会对所获取到的原始数据进行分析、绘图和统计，以便为后续的性能调优、架构调整以及各类型排错建立参考依据。

3.5.1 系统监视概述

常见的监测对象基本上涵盖了 IT 运行环境的方方面面，包括机房环境、硬件、网络等，而每一个方面所涉及的监测项目种类繁多。例如对硬件环境的监测中，所涵盖内容就会包括服务器的工作温度、风扇转速等指标；针对系统环境的监测，将包括基本的操作系统运行环境，如CPU、内存、I/O、存储空间使用状况、网络吞吐量、进程数量和状态等情况；针对具体的应用情况，涉及监测的内容可能会更多，而且也会有很多专门针对应用的指标。

除了监测的内容需要尽量全面之外，同时还希望所使用的监测解决方案能够灵活和具备更多扩展功能，例如有效地支持IT架构的变化和扩展，在监测量增加的情况下能够尽可能少地占用资源，拥有强大的事件通知机制等。

3.5.2 top 命令

top命令经常用来监控Linux的系统状况，比如CPU、内存的使用，程序员基本都知道这个命令，但比较奇怪的是能用好它的人却很少，例如对top监控视图中内存数值的含义就有不少曲解。和ps命令不同，top命令可以实时监控进程的状况。top屏幕自动每5秒刷新一次，也可以用“top - d 20”，使得top屏幕每20秒刷新一次。

例如使用top命令实时监控进程状况。

```
[root@centos~]# top
top - 15:27:07 up  3:53,  2 users,  load average: 0.00, 0.01, 0.05
Tasks: 266 total,  2 running, 264 sleeping,   0 stopped,   0 zombie
%Cpu(s):  0.0 us,  7.1sy,  0.0 ni, 92.9 id,  0.0 wa,  0.0 hi,  0.0 si,  0.0 st
KiB Mem :  1867048 total,   481380 free,   782308 used,   603360 buff/cache
KiB Swap:  2097148 total,  2097148 free,         0 used,   847900 avail Mem
  PID USER       PR  NI    VIRT    RES    SHR S   %CPU  %MEM    TIME+ COMMAND
    1 root       20   0  194936   6744   2716 S    0.0   0.4   0:03.61 systemd
    2 root       20   0       0      0      0 S    0.0   0.0   0:00.03 kthreadd
    3 root       20   0       0      0      0 S    0.0   0.0   0:00.04 ksoftirqd/0
    7 root       rt   0       0      0      0 S    0.0   0.0   0:00.06 migration/0
```

系统运行时间和平均负载：

top命令的顶部显示与uptime命令相似的输出。

这些字段分别表示：当前时间，系统已运行的时间，当前登录用户的数量，相应最近5分钟、10分钟、15分钟内的平均负载。

可以使用‘l’命令切换uptime的显示。

Tasks — 任务(进程)，系统现在共有266个进程，其中处于运行中的有2个，264个在休眠(sleeping)，stopped状态的有0个，zombie状态(僵尸)的有0个。

第二行显示的是任务或者进程的总结。进程可以处于不同的状态，这里显示了全部进程的数量。除此之外，还有正在运行、睡眠、停止、僵尸进程的数量(僵尸是一种进程的状态)。这些进程概括信息可以用‘t’切换显示。

CPU状态：这里显示不同模式下所占CPU时间百分比，这些不同的CPU时间表示：

us，user：运行(未调整优先级的)用户进程的CPU时间；

sy，system：运行内核进程的CPU时间；

ni，niced：运行已调整优先级的用户进程的CPU时间；

wa，IO wait：用于等待I/O完成的CPU时间；

hi:处理硬件中断的 CPU 时间;

si:处理软件中断的 CPU 时间;

st:这个虚拟机被 hypervisor 偷去的 CPU 时间(注:如果当前处于一个 hypervisor 下的 vm,实际上 hypervisor 也是要消耗一部分 CPU 处理时间的)。

可以使用't'命令切换显示:

1.3% us——用户空间占用 CPU 的百分比。

1.0% sy——内核空间占用 CPU 的百分比。

0.0% ni——改变过优先级的进程占用 CPU 的百分比。

97.3% id——空闲 CPU 百分比。

0.0% wa——I/O 等待占用 CPU 的百分比。

0.3% hi——硬中断(Hardware Interrupts)占用 CPU 的百分比。

0.0% si——软中断(Software Interrupts)占用 CPU 的百分比。

接下来两行显示内存使用率,有点像'free'命令。第一行是物理内存使用,第二行是虚拟内存使用(交换空间)。

物理内存显示如下:全部可用内存、已使用内存、空闲内存、缓冲内存。相似地,交换部分显示的是:全部、已使用、空闲和缓冲交换空间。

3.5.3 mpstat 命令

mpstat 是 Multiprocessor Statistics 的缩写,是实时系统监控工具,其报告与 CPU 的一些统计信息,这些信息存放在/proc/stat 文件中。在多 CPU 系统里,其不但能查看所有 CPU 的平均状况信息,而且能够查看特定 CPU 的信息。mpstat 最大的特点是:可以查看多核心 CPU 中每个计算核心的统计数据,而类似工具 vmstat 只能查看系统整体 CPU 情况。mpstat 语法格式如下:mpstat [-P {|ALL}] [internal [count]]。

参数含义:

-P {|ALL}:表示监控哪个 CPU,CPU 在[0,CPU 个数-1]中取值;

internal:相邻两次采样的间隔时间;

count:采样的次数,count 只能和 delay 一起使用。

当没有参数时,mpstat 则显示系统启动以后所有信息的平均值。有 internal 时,第一行的信息为自系统启动以来的平均信息。从第二行开始,输出为前一个 internal 时间段的平均信息。

实例:

```
[root@centos~]# mpstat
Linux 3.10.0-693.el7.x86_64 (centos)2021 年 02 月 24 日 _x86_64_(4 CPU)
01 时 11 分 31 秒  CPU    %usr   %nice   %sys   %iowait   %irq   %soft   %steal   %guest
%gnice   %idle
01 时 11 分 31 秒  all    0.03    0.00    0.07    0.00     0.00    0.00    0.00     0.00
0.00    99.90
```

如果要看每个 CPU 核心的当前详细运行状况信息,输出如下:

```
mpstat  -P ALL 2
```

```
[root@centos~]# mpstat  -P ALL 2
Linux 3.10.0-693.el7.x86_64 (centos)2021 年 02 月 24 日 _x86_64_(4 CPU)
10 时 43 分 54 秒  CPU   %usr   %nice   %sys  %iowait  %irq  %soft  %steal  %guest
%gnice   %idle
10 时 43 分 56 秒  all  0.13  0.00  0.38  0.00  0.00  0.00  0.00  0.00  0.00  99.50
10 时 43 分 56 秒   0   0.00  0.00  0.50  0.00  0.00  0.00  0.00  0.00  0.00  99.50
10 时 43 分 56 秒   1   0.00  0.00  0.00  0.00  0.00  0.00  0.00  0.00  0.00  100.00
10 时 43 分 56 秒   2   0.00  0.00  0.50  0.00  0.00  0.00  0.00  0.00  0.00  99.50
10 时 43 分 56 秒   3   0.00  0.00  0.00  0.00  0.00  0.00  0.00  0.00  0.00  100.00
```

字段的含义如下：

```
%user 在 internal 时间段里,用户态的 CPU 时间(%),不包含 nice 值为负进程  (usr/total)*100
%nice 在 internal 时间段里,nice 值为负进程的 CPU 时间(%)  (nice/total)*100
%sys 在 internal 时间段里,内核时间(%)  (system/total)*100
%iowait 在 internal 时间段里,硬盘 IO 等待时间(%) (iowait/total)*100
%irq 在 internal 时间段里,硬中断时间(%)  (irq/total)*100
%soft 在 internal 时间段里,软中断时间(%)  (softirq/total)*100
%idle 在 internal 时间段里,CPU 除去等待磁盘操作外闲置时间(%)  (idle/total)*100
```

3.5.4 vmstat 命令

vmstat 命令是 Virtual Meomory Statistics(虚拟内存统计)的缩写，是最常见的 Linux 监控工具，用于监控系统资源使用情况，可用来监控 CPU 使用、进程状态、内存使用、虚拟内存使用、硬盘输入/输出状态等信息。

相比 top 命令，可以看到整个机器的 CPU、内存、I/O 的使用情况，而不是单单看到各个进程的 CPU 使用率和内存使用率(使用场景不一样)。此命令的基本格式有如下 2 种：

```
[root@centos ~]# vmstat [-a][刷新延时 刷新次数]
[root@centos ~]# vmstat [选项]
```

-a 的含义是用 inact/active(活跃与否)来取代 buff/cache 的内存输出信息。除此之外，表 3-12 列出了 vmstat 命令的第二种基本格式中常用的选项及各自的含义。

表 3-12 vmstat 命令常用选项及含义

选　项	含　义
-fs	-f:显示从启动到目前为止，系统复制(fork)的程序数，此信息是从/proc/stat 中的 processes 字段中取得的 -s:从启动到目前为止，由一些事件导致的内存变化情况列表说明
-S 单位	令输出的数据显示单位，例如用 K/M 取代 bytes 的容量
-d	列出硬盘有关读/写总量的统计表
-p 分区设备文件名	查看硬盘分区的读/写情况

一般 vmstat 工具的使用是通过两个数字参数来完成的，第一个参数是采样的时间间隔数，单位是秒，第二个参数是采样的次数，如：

```
[root@localhostproc]# vmstat 1 3
#使用 vmstat 检测,每隔 1 秒刷新一次,共刷新 3 次
[root@localhost proc]# vmstat 2 1
procs -----------memory------------- swap ------- io ----- system ------ cpu ----
r  b   bswpd  free     buff    cache    si   so    bi    bo   in   cs  us  sy  id  wa
1  0   0      3498472  315836  3819540  0    0     0     1    2    0   0   0   100 0
```

每个参数的含义如表 3-13 所列。

表 3-13　vmstat 命令输出字段及含义

字　段	含　义
procs	进程信息字段: -r:等待运行的进程数,数量越大,系统越繁忙 -b:不可被唤醒的进程数量,数量越大,系统越繁忙
memory	内存信息字段: -swpd:虚拟内存的使用情况,单位为 KB -free:空闲的内存容量,单位为 KB -buff:缓冲的内存容量,单位为 KB -cache:缓存的内存容量,单位为 KB
swap	交换分区信息字段: -si:从磁盘中交换到内存中数据的数量,单位为 KB -so:从内存中交换到磁盘中数据的数量,单位为 KB,两个数越大,表明数据需要经常在磁盘和内存之间进行交换,系统性能越差
io	磁盘读/写信息字段: -bi:从块设备中读入的数据的总量,单位是块 -bo:写到块设备的数据的总量,单位是块,这两个数越大,代表系统的 I/O 越繁忙
system	系统信息字段: -in:每秒被中断的进程次数 -cs:每秒进行的事件切换次数,这两个数越大,代表系统与接口设备的通信越繁忙
CPU	CPU 信息字段: -us:非内核进程消耗 CPU 运算时间的百分比 -sy:内核进程消耗 CPU 运算时间的百分比 -id:空闲 CPU 的百分比 -wa:等待 I/O 所消耗的 CPU 百分比 -st:被虚拟机所盗用的 CPU 百分比

本机是一台测试用的虚拟机,并没有多少资源被占用,所以资源占比都比较低。如果服务器上的资源占用率比较高,那么使用 vmstat 命令查看到的参数值就会比较大,就需要手工进行干预。若是非正常进程占用了系统资源,则需要判断这些进程是如何产生的,不能一杀了之;若是正常进程占用了系统资源,则说明服务器需要升级了。

3.5.5　iostat 命令

iostat 命令用于监视系统输入输出设备和 CPU 的使用情况。它的特点是汇报磁盘活动

统计情况，同时也会汇报出 CPU 使用情况。同 vmstat 一样，iostat 也有一个弱点，就是它不能对某个进程进行深入分析，仅对系统的整体情况进行分析。能查看到系统 I/O 状态信息，从而确定 I/O 性能是否存在瓶颈。

iostat 常用参数如表 3-14 所列。

表 3-14 iostat 常用参数

参 数	意 义
-c	仅显示 CPU 使用情况
-d	仅显示设备利用率
-k	显示状态以千字节每秒为单位，而不使用块每秒
-m	显示状态以兆字节每秒为单位
-p	仅显示块设备和所有被使用的其他分区的状态
-t	显示每个报告产生时的时间
-V	显示版号并退出
-x	显示扩展状态

```
[root@centos~]# iostat
Linux 3.10.0-693.el7.x86_64 (centos)2021 年 02 月 24 日 _x86_64_(4 CPU)
avg-cpu:  %user   %nice   %system  %iowait  %steal  %idle
          0.02    0.00    0.06     0.00     0.00    99.92
Device:           tpsk    B_read/s kB_wrtn/s kB_read kB_wrtn
sda               0.34    6.94     1.24     527615  94274
dm-0              0.32    6.45     1.21     490677  92190
dm-1              0.00    0.03     0.00     2228    0
```

详细参数说明：

第一行是系统信息和监测时间，第二行和第三行显示 CPU 使用情况（具体内容和 mpstat 命令相同）。

tpsk：该设备每秒的传输次数；

B_read/s：每秒从设备（drive expressed）读取的数据量；

kB_wrtn/s：每秒向设备（drive expressed）写入的数据量；

kB_read：读取的总数据量；

kB_wrtn：写入的总数据量。

3.5.6 性能分析标准的经验准则

系统性能分析主要包含了整体系统 CPU 利用率、内存利用率磁盘 I/O 的利用率、延迟、网络利用率等。

1. CPU 定位分析

在系统的 CPU 分析定位过程中，当 CPU 利用率大于 50%时，就需要注意了；当 CPU 利用率大于 70%的时候，就需要密切关注；当 CPU 的利用率高于 90%的时候，情况就比较严重了，具体度量方法如表 3-15 所列。

表 3-15 CPU 定位分析方法

模　块	类　型	度量方法	衡量标准
CPU	使用情况	1. 通过 vmstat 统计 1-id 的计数 2. 通过 sar -u 统计 1-%idle 的计数 3. 通过 dstat 命令统计 1-idle 的计数 4. 通过 mpstat -P ALL 统计 1-%idle 的计数 5. 通过 ps 命令统计 CPU 的计数	注意≥50% 告警≥70% 严重≥90%
CPU	满载	6. vmstat 的 r 的计数 > CPU 逻辑数 7. sar -q，"runq-sz" >CPU 逻辑数 8. dstat -p，"run" > CPU 逻辑数	运行的队列大于 1 时，说明已经有一定的负载了，不过这个值也不绝对，需要进一步分析其他的资源情况来确定 CPU 是否已经满载符合运行
CPU	错误	9. 通过 perf 工具去捕获处理器的错误信息	需处理器支持

通过这些监控分析情况，可以用命令 vmstat、sar、dstat、mpstat、top、ps 等来进行统计分析。

2. 内存定位分析

在系统的内存分析定位过程中，当利用率大于 50%的时候，就需要注意了；当大于 70%的时候，就需要密切关注；当高于 80%的时候，情况就比较严重。内存定位分析方法如表 3-16 所列。

表 3-16 内存定位分析方法

模　块	类　型	度量方法	衡量标准
内存	使用情况	1. free 命令查看使用情况 2. vmstat 命令查看使用情况 3. sar -r 命令查看使用情况 4. ps 命令查看使用情况	注意≥50% 告警≥70% 严重≥80%
内存	满载	5. vmstat 的 si/so 比例辅助 swpad 和 free 利用 6. sar -W 查看次缺页数 7. 查看内核日志有无 OOM 机制 kill 进程 8. dmesg|grep killed	1. so 数值大，且 swpad 已经占比高，内存肯定已经饱和 2. sar 命令缺页以为不停地和 swap 打交道，证明内存已经饱和
内存	错误	9. 查看内核有无 physical failures 10. 通过工具(如 valgrind 等)进行检查	有计数

3. 网络定位分析

衡量系统网络的使用情况可以使用的命令有 sar、ifconfig、netstat 以及查看 net 的 dev 速率，通过查看收发包的吞吐率达到网卡的最大上限(问题:网络的最大上限怎么看呢?)，网络数据报文有因为这类原因而引发的丢包、阻塞等现象都证明当前网络可能存在瓶颈。在进行性能测试时，为了降低网络的影响，一般都是在局域网中进行测试执行，网络定位分析方法如表 3-17 所列。

表 3-17 网络定位分析方法

模 块	类 型	度量方法	衡量标准
网络	使用情况	1. sar -n DEV 的收发计数大于网卡上限 2. ifconfig RX/TX 带宽超过网卡上限 3. cat /proc/net/dev 的速率超过上限 4. nicstat 的 util 基本满负载	1. 收发包的吞吐率达到网卡上限 2. 有延迟 3. 有丢包 4. 有阻塞
网络	满载	5. ifconfig dropped 有计数 6. netstat -s “segments restransmited”有计数 7. sar -n DEV rxdroptxdrop 有计数	统计的丢包有计数证明已经满载了
网络	错误	8. ifconfig，‘errors’ 9. netstat -I，“RX-ERR”/“TX-ERR” 10. sar -n EDEV，“rxerr/s”，“txerr/s” 11. ip -s link，“errors”	错误有计数

4. I/O 定位分析

衡量系统 I/O 的使用情况，可以使用 sar、iostat、iotop 等命令进行系统级别的 I/O 监控分析。当使用率大于 40%时，就需要注意了；当使用率大于 60%，则处于告警阶段；大于 80%时，就会出现阻塞了，I/O 定位分析方法如表 3-18 所列。

表 3-18 I/O 定位分析方法

模 块	类 型	度量方法	衡量标准
I/O	使用情况	1. iostat -xz，“%util” 2. sar -d，“%util” 3. iotop 的利用率很高 4. cat/proc/pid/sched|grepiowait	注意≥40% 告警≥60% 严重≥80%
I/O	满载	5. iostat -xnz 1，“avgqu-sz”>1 6. iostat await>70	I/O 已经有满载嫌疑
I/O	错误	7. dmesg 查看 I/O 错误 8. smartctl /dev/sda	有信息

3.6 思考与实验

1. 建立用户目录。

创建目录/tech/it 和/tech/development，分别用于存放各组项目组中用户账号的用户主目录。

2. 添加组账号。

为两个项目组添加组账号 it，development、GID 分别设置为 1101、1102；为技术部添加组账号 tech，GID 设置为 1100。

3. 添加用户账号。

it 组包括三个用户：jack、rose、tom，用户主目录均使用/tech/it 目录中与账号同名的文件夹，其中 jack 用户账号设置为 2021 年 10 月 1 日失效。development 组中包括两个用户，分别是 Mary 和 Lisa，用户主目录均使用/tech/development 目录中与账号同名的文件夹，其中 Lisa 用户的登录 Shell 设置为/bin/sh。上述所有的用户账号均要求加入 tech 组内。在测试阶段仅为 jack、rose、Lisa 这三个用户账号设置初始密码“123456”，其他用户暂时先不设置密码。

4. 设置目录权限和归属。

将/tech 目录的属组设置为 tech，去除其他用户的所有权限；

将/tech/it 目录的属组设置为 it，去除其他用户的所有权限；

将/tech/development 目录的属组设置为 development，去除其他用户的所有权限。

5. 建立公共数据存储目录。

创建/public 目录，允许所有技术组内的用户读取、写入、执行文件，非技术组的用户禁止访问此目录。

6. 创建目录/finance，允许 root 用户具有读/写权限，其他人没有任何权限。

第 4 章

网络配置与远程控制服务

学习目标

- 掌握常见的网络服务的配置方法；
- 掌握远程控制服务；
- 熟练使用常用的网络工具。

本章讲解如何使用 nmtui 命令配置网络参数，以及通过 nmcli 命令查看网络信息并管理网络会话服务，从而让您能够在不同工作场景中快速地切换网络运行参数的方法。本章还深入介绍 SSH 协议与 OpenSSH 服务程序的理论知识、Linux 系统的远程管理方法以及在系统中配置服务程序的方法。最后介绍几个 Linux 常用的网络工具。

4.1 Linux 网络配置

截至目前，大家已经完全可以利用当前所学的知识来管理 Linux 系统了。我们接下来将学习如何在 Linux 系统上配置服务。但是在此之前，必须先保证主机之间能够顺畅地通信。如果网络不通，即便服务部署得再正确用户也无法顺利访问，所以，配置网络并确保网络的连通性是学习部署 Linux 服务之前的最后一个重要知识点。作为 Linux 系统的网络管理员，学习 Linux 服务器的网络配置是至关重要的，同时管理远程主机也是管理员必须熟练掌握的。这些是后续网络服务配置的基础，必须要学好。

4.1.1 Linux 网络基础

1. Linux 网络接口规则

传统上，Linux 中的网络接口被枚举为 eth0、eth1、eth2 等。但是，其中的机制设置这些名称可以导致在添加和删除设备时更改接口获取的名称。

在 CentOS 7 中，默认根据固件、设备拓扑和设备类型来命名。

接口名称有以下字符：

以太网接口从 en 开始，WLAN 接口从 wl 开始，WWAN 接口从 ww 开始。

下一个字符(s)表示适配器的类型，o 表示板上适配器，s 表示热插拔插槽，p 表示 PCI 地理位置。默认情况下不使用，但管理员也可以使用，x 用于合并 MAC 地址。

最后，数字 N 用于表示索引、ID 或端口。

如果不能确定固定名称，则使用传统名称(如 ethN)。

例如，第一嵌入式网络接口可以命名为 eno1，PCI 卡网络接口可以命名为 enp2s0。

如果用户知道端口和它的名称，那么新的名称可以更容易地区分端口和它的名称之间的关系。

需要权衡的是,用户不能假设有一个接口供系统调用。

2. NetworkManager 服务

网络管理器(NetworkManager)是一个动态网络的控制器与配置系统,它用于当网络设备可用时保持设备和连接开启并激活,在默认情况下,CentOS/RHEL7 已安装网络管理器,并处于启用状态。

查看网络管理程序状态(NetworkManager 开头两个字母要大写)的代码如下:

```
[root@localhost~]systemctl  status  NetworkManager
```

查看网络子管理程序状态的代码如下:

```
[root@localhost~]systemctl  status  network
```

3. 配置网络方式

① 命令配置示例如下:

```
[root@localhost~]# vim /etc/sysconfig/network-scripts/ifcfg-ens33
//先查看接口(比如#ip a 的第二部分开头)是否为 ens33,内容详解在下面
[root@localhost ~]#nmcli            //查看网络配置
```

② 图形配置,如图 4-1 所示。

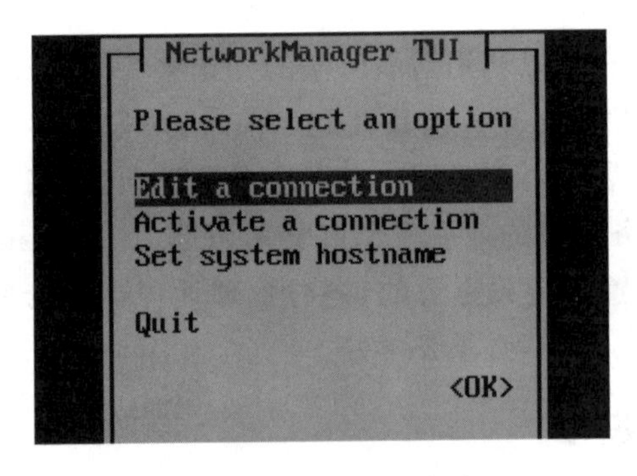

图 4-1 图形配置方式

```
[root@localhost ~]#nmtui                    //使用上下左右方向键和回车键进行控制
```

图形界面方式,代码如下:

```
[root@localhost ~]nm-connection-editor      //相当于进入到设置-网络里面配置
```

4.1.2 配置网络参数

1. 配置 IP 地址

① 配置网络参数

a. 备份网卡配置文件,代码如下:

```
[root@localhost~]#cp  /etc/sysconfig/network-scripts/ifcfg-ens33
```

b. 查看本机的网络配置,查看总的网络配置:设置->网络。

命令行查看 IP 地址,代码如下:

```
[root@localhost ~]# ip a                        //第二接口部分的第三行开头数字段
```

子网掩码:255.255.255.0。

命令行查看网关/默认路由,代码如下:

```
[root@localhost ~]# ip r                         //第一行的数字段
```

命令行查看 DNS,代码如下:

```
[root@localhost ~]# cat  /etc/resolv.conf          //第三行的数字段
```

c. 修改 IP 地址,代码如下:

```
[root@qianfeng~]# vim /etc/sysconfig/network-scripts/ifcfg-ens33
ONBOOT=yes                      //是否启用该设备
BOOTPROTO=none                  //手动(none/static)还是自动获取 IP(dhcp)
IPADDR=192.168.142.131          //根据自动获取的地址进行配置,用来定位主机
NETMASK=255.255.255.0           //子网掩码用来定义网络
GATEWAY=192.168.142.2           //网关,也叫默认路由,带你上网的路由器地址
DNS1=192.168.142.2
//这个数字 1 不要忘了,域名解析,当你输入域名访问网站时,根据截图配置
NAME=ens33                      //接口名字
UUID=d1769473-dc3c-4cf3-9158-8798994d24bb
//UUID 不是网卡配置文件中必须的信息
DEVICE=ens33
```

② 重启网络服务,代码如下:

```
[root@localhost~]# systemctl  restart network
```

③ 查看 IP 地址,代码如下:

```
[root@localhost~]# ip a
```

2. 主机名的修改

CentOS 7 有以下 3 种形式的主机名:

静态的(static):“静态”主机名也称为内核主机名,是系统在启动时从/etc/hostname 自动初始化的主机名。

瞬态的(transient):“瞬态”主机名是在系统运行时临时分配的主机名,由内核管理。例如,通过 DHCP 或 DNS 服务器分配的 localhost 就是这种形式的主机名。

灵活的(pretty):“灵活”主机名是 UTF8 格式的自由主机名,以展示给终端用户。

CentOS 7 中的主机名配置文件为/etc/hostname,可以在配置文件中直接更改主机名。

① 使用 nmtui 修改主机名,代码如下:

```
[root@localhost~]# nmtui
```

在图 4-2、图 4-3 所示的界面中进行配置。

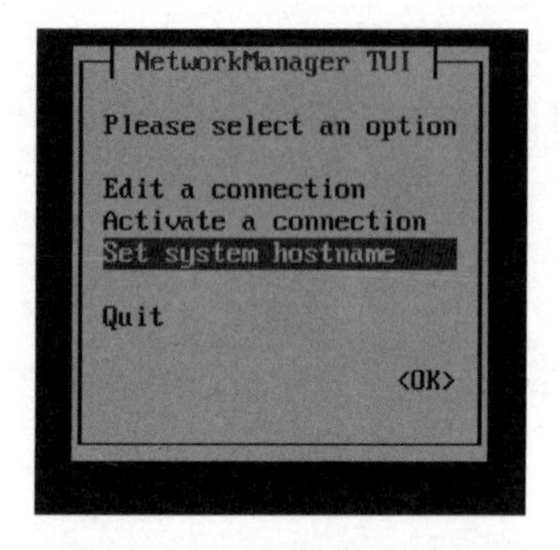

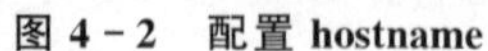

图 4-2 配置 hostname

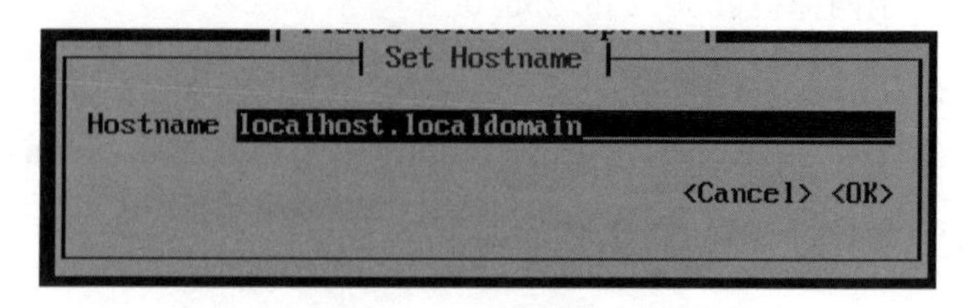

图 4-3 修改主机名

使用 NetworkManager 的 nmtui 接口修改了静态主机名后(letc/hostname 文件),不会通知 hostnamectl。要想强制让 hostnamectl 知道静态主机名已经被修改,需要重启 hostnamed 服务。代码如下:

```
[root@localhost~]# hostnamectl status
static hostname:RIEL7 - 1
Pretty hostname: RHEL7 - 1
```

② 使用 hostnamectl 修改主机名

a. 查看主机名,代码如下:

```
[root@localhost~]# hostnamectl set - hostname my . smile.com
```

b. 设置新的主机名,代码如下:

```
[root@localhost~]# hostnamectl set - hostname miy . smile. com
```

c. 查看主机名,代码如下:

```
[root@localhost~]# hostnamectl status
static hostname: my.smile.com
......
```

③ 使用 NetworkManager 的命令行接口 nmcli 修改主机名

nmcli 可以修改/etc/hostname 中的静态主机名,代码如下:

```
//查看主机名
[ root@localhost~]nmcli general hostname my.smile.com
//设置新主机名
[ root@localhost~]# nmcli general hostnameCentOS7
[ root@localhost~]# nmcli general hostname
CentOS7
//重启 hostnamed 服务让 hostnamectl 知道静态主机名已经被修改
[root@localhost~]# systemctl restart systemd - hostnamed
```

4.1.3 使用系统菜单配置网络

在 Linux 系统上配置服务之前,必须先保证主机之间能够顺畅地通信。

可以单击桌面左上角的“设置”，选择“网络”，打开网络配置界面，一步步完成网络信息查询和网络配置。具体过程如图 4－4～图 4－7 所示。

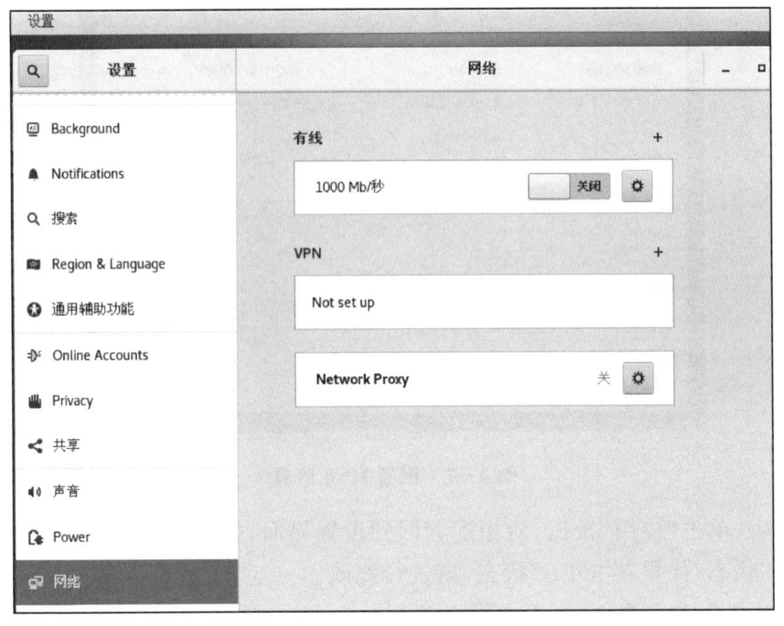

图 4－4　打开网络设置

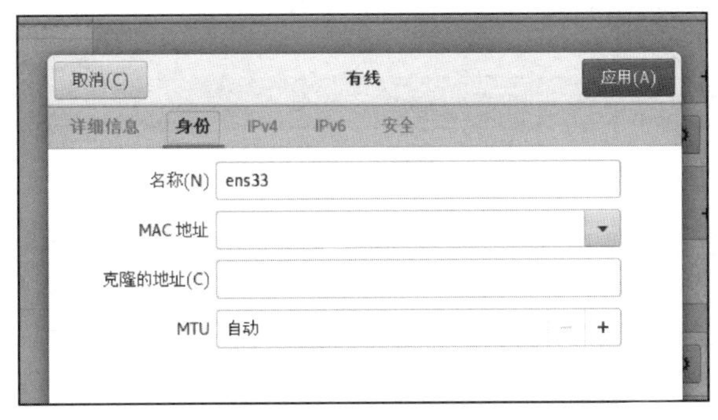

图 4－5　配置有线网络

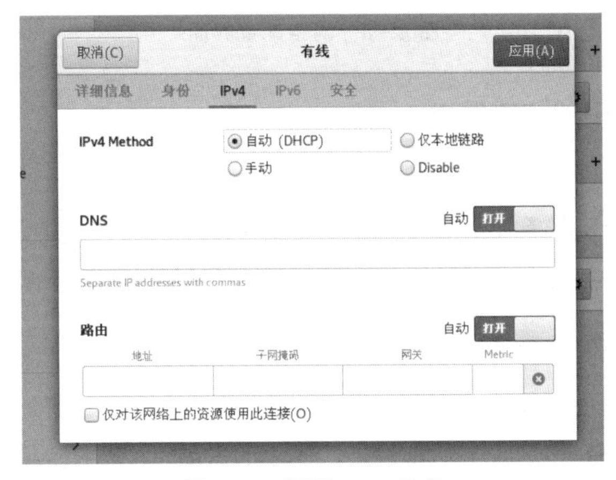

图 4－6　配置 IPv4 信息

图 4-7　配置 IPv6 信息

设置完成后，单击“应用”按钮，应用配置回到设置界面，如图 4-8 所示。注意网络连接应该设置在“ON”状态，如果在“OFF”状态，请进行修改。

注意：有时需要重启系统，配置才能生效。

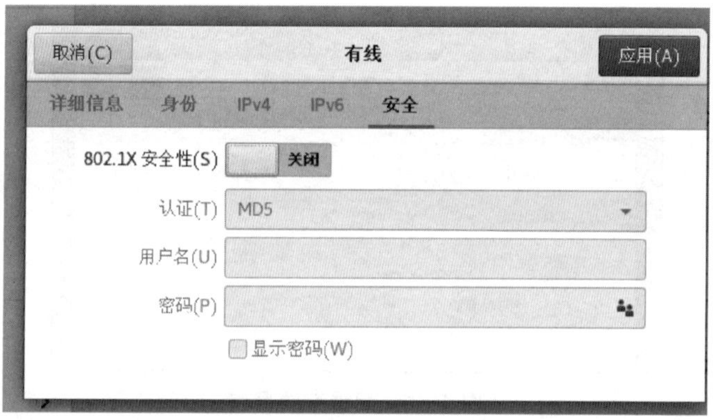

图 4-8　网络配置界面

4.1.4　使用 nmcli 管理网络

1. nmcli 命令

首先得开启 network 服务才能进行操作，代码如下：

```
systemctl start NetworkManager.service
```

查看 network 服务是否开启，代码如下：

```
systemctl status NetworkManager.service
```

可以看到 network 服务开启了(active:running)，如图 4-9 所示。

nmcli device show 显示网络设备信息，如图 4-10 所示。

```
[root@localhost Desktop]# systemctl  start  NetworkManager.service
[root@localhost Desktop]# systemctl  status  NetworkManager.service
NetworkManager.service - Network Manager
  Loaded: loaded (/usr/lib/systemd/system/NetworkManager.service; enabled)
  Active: active (running) since Wed 2018-10-24 02:44:29 EDT; 36min ago
 Main PID: 678 (NetworkManager)
  CGroup: /system.slice/NetworkManager.service
          ├─678 /usr/sbin/NetworkManager --no-daemon
          └─9567 /sbin/dhclient -d -sf /usr/libexec/nm-dhcp-helper -pf /var/...

Oct 24 03:19:40 localhost NetworkManager[678]: bound to 172.25.254.60 -- ren....
Oct 24 03:19:40 localhost NetworkManager[678]: <info> (eth0): DHCPv4 state c...w
Oct 24 03:19:40 localhost NetworkManager[678]: <info>   address 172.25.254.60
Oct 24 03:19:40 localhost NetworkManager[678]: <info>   plen 24 (255.255.255.0)
Oct 24 03:19:40 localhost NetworkManager[678]: <info>   gateway 172.25.254.111
Oct 24 03:19:40 localhost NetworkManager[678]: <info>   server identifier 17...3
Oct 24 03:19:40 localhost NetworkManager[678]: <info>   lease time 600
Oct 24 03:19:40 localhost NetworkManager[678]: <info>   nameserver '172.25.2...'
Oct 24 03:19:40 localhost NetworkManager[678]: <info>   domain name 'westos.com'
Oct 24 03:20:24 localhost systemd[1]: Started Network Manager.
```

图 4-9　network 服务开启

```
GENERAL.CON-PATH:                       --
IP4.ADDRESS[1]:                         ip = 127.0.0.1/8, gw = 0.0.0.0
```

图 4-10　网络设备信息

nmcli device disconnect eth0 中断接口，并且暂时禁用自动连接，如图 4-11 所示。

```
[root@localhost Desktop]# nmcli  device  disconnect   eth0
[root@localhost Desktop]# ifconfig  eth0
eth0: flags=4163<UP,BROADCAST,RUNNING,MULTICAST>  mtu 1500
        ether 52:54:00:00:94:0b  txqueuelen 1000  (Ethernet)
        RX packets 2129  bytes 97362 (95.0 KiB)
        RX errors 0  dropped 0  overruns 0  frame 0
        TX packets 3104  bytes 186565 (182.1 KiB)
        TX errors 0  dropped 0 overruns 0  carrier 0  collisions 0
```

图 4-11　中断接口

2. 通过 nmcli 命令修改网络连接

IPv4 获取方式：自动改手动（通过 dhcp 服务获取了 172.25.254.60 这个 IP），如图 4-12 所示。

```
[root@localhost Desktop]# nmcli  connection  modify  Redhat ipv4.method  auto
[root@localhost Desktop]# ifconfig  eth0
eth0: flags=4163<UP,BROADCAST,RUNNING,MULTICAST>  mtu 1500
        inet 172.25.254.60  netmask 255.255.255.0  broadcast 172.25.254.255
        inet6 fe80::5054:ff:fe00:940b  prefixlen 64  scopeid 0x20<link>
        ether 52:54:00:00:94:0b  txqueuelen 1000  (Ethernet)
        RX packets 3525  bytes 160054 (156.3 KiB)
        RX errors 0  dropped 0  overruns 0  frame 0
        TX packets 4376  bytes 248057 (242.2 KiB)
```

图 4-12　自动改手动

关闭指定连接，如图 4-13 所示。

```
[root@localhost Desktop]# nmcli  connection  down Redhat
[root@localhost Desktop]# ifconfig
eth0: flags=4163<UP,BROADCAST,RUNNING,MULTICAST>  mtu 1500
        ether 52:54:00:00:94:0b  txqueuelen 1000  (Ethernet)
        RX packets 3560  bytes 161524 (157.7 KiB)
        RX errors 0  dropped 0  overruns 0  frame 0
        TX packets 4431  bytes 250379 (244.5 KiB)
        TX errors 0  dropped 0 overruns 0  carrier 0  collisions 0

lo: flags=73<UP,LOOPBACK,RUNNING>  mtu 65536
        inet 127.0.0.1  netmask 255.0.0.0
        inet6 ::1  prefixlen 128  scopeid 0x10<host>
        loop  txqueuelen 0  (Local Loopback)
        RX packets 3021  bytes 277650 (271.1 KiB)
        RX errors 0  dropped 0  overruns 0  frame 0
        TX packets 3021  bytes 277650 (271.1 KiB)
```

图 4 - 13　关闭指定连接

开启指定连接，如图 4 - 14 所示。

```
[root@localhost Desktop]# nmcli  connection  up  Redhat
Connection successfully activated (D-Bus active path: /org/freedesktop/NetworkManager/Active
Connection/3)
[root@localhost Desktop]# ifconfig
eth0: flags=4163<UP,BROADCAST,RUNNING,MULTICAST>  mtu 1500
        inet 172.25.254.60  netmask 255.255.255.0  broadcast 172.25.254.255
        inet6 fe80::5054:ff:fe00:940b  prefixlen 64  scopeid 0x20<link>
        ether 52:54:00:00:94:0b  txqueuelen 1000  (Ethernet)
        RX packets 3582  bytes 162748 (158.9 KiB)
        RX errors 0  dropped 0  overruns 0  frame 0
        TX packets 4462  bytes 254702 (248.7 KiB)
        TX errors 0  dropped 0 overruns 0  carrier 0  collisions 0

lo: flags=73<UP,LOOPBACK,RUNNING>  mtu 65536
        inet 127.0.0.1  netmask 255.0.0.0
        inet6 ::1  prefixlen 128  scopeid 0x10<host>
        loop  txqueuelen 0  (Local Loopback)
        RX packets 3030  bytes 278616 (272.0 KiB)
        RX errors 0  dropped 0  overruns 0  frame 0
        TX packets 3030  bytes 278616 (272.0 KiB)
```

图 4 - 14　开启指定连接

将 IPv4 获取方式自动改成手动，初次更改会自动报错，因为系统不知道你设置的是什么。然后加上想要设置的 IP 及子网掩码，系统就可以识别执行了，代码如下：

```
[root@localhostDesktop]# nmcli connection modify Redhat ipv4.addresses 172.25.254.88/24
```

此时就成功完成了自动改手动，如图 4 - 15 所示。

```
[root@localhost Desktop]# nmcli  connection  down Redhat
[root@localhost Desktop]# nmcli  connection  up  Redhat
Connection successfully activated (D-Bus active path: /org/freedesktop/NetworkManager/ActiveConnect
ion/5)
[root@localhost Desktop]# ifconfig eth0
eth0: flags=4163<UP,BROADCAST,RUNNING,MULTICAST>  mtu 1500
        inet 172.25.254.88  netmask 255.255.255.0  broadcast 172.25.254.255
        inet6 fe80::5054:ff:fe00:940b  prefixlen 64  scopeid 0x20<link>
        ether 52:54:00:00:94:0b  txqueuelen 1000  (Ethernet)
        RX packets 3980  bytes 180392 (176.1 KiB)
        RX errors 0  dropped 0  overruns 0  frame 0
```

图 4 - 15　成功完成自动改手动

4.2 远程控制服务

上节学习了 Linux 网络配置的相关设置及命令。Linux 一般作为服务器使用，而服务器一般放在机房，你不可能在机房操作 Linux 服务器，这时就需要远程登录到 Linux 服务器来管理维护系统。本节主要学习远程控制服务的相关内容，包括 SSH 的配置、安全密钥验证及相关命令。

4.2.1 SSH 与 OpenSSH

1. SSH 概述

SSH(Secure Shell)是一种能够以安全的方式提供远程登录的协议，也是目前远程管理 Linux 系统的首选方式。在此之前，一般使用 FTP 或 Telnet 来进行远程登录，但是因为它们以明文的形式在网络中传输账户密码和数据信息，因此很不安全，很容易受到黑客发起的中间人攻击，这样轻则篡改传输的数据信息，重则直接抓取服务器的账户密码。

想要使用 SSH 协议来远程管理 Linux 系统，则需要部署配置 SSHD 服务程序。SSHD 是基于 SSH 协议开发的一款远程管理服务程序，不仅使用起来方便快捷，而且能够提供两种安全验证的方法：

① 基于口令的验证—用账户和密码来验证登录；

② 基于密钥的验证—需要在本地生成密钥对，然后把密钥对中的公钥上传至服务器，并与服务器中的公钥进行比较，该方式相对来说更安全。

2. SSH 工作原理

服务器建立公钥：每一次启动 SSHD 服务时，该服务会主动去找/etc/ssh/ssh_host * 的文件，若系统刚刚安装完成，由于没有这些公钥，SSHD 会主动去计算出这些需要的公钥，同时也会计算出服务器自己需要的私钥。

客户端主动联机请求：若客户端想要联机到 SSH 服务器，则需要使用适当的客户端程序来联机，包括 SSH、putty 等客户端程序连接。

服务器传送公钥给客户端：接收到客户端的要求后，服务器便将第一个步骤取得的公钥传送给客户端使用(此时应是明码传送，因为公钥本来就是给大家使用的)。

客户端记录并对比服务器的公钥数据及随机计算自己的公私钥：若客户端第一次连接到此服务器，则会将服务器的公钥记录到客户端的用户家目录内的～/. ssh/known_hosts。若是已经记录过该服务器的公钥，则客户端会去对比此次接收到的与之前的记录是否有差异。若接收此公钥，则开始计算客户端自己的公私钥。

回传客户端的公钥到服务器端：用户将自己的公钥传送给服务器。此时服务器具有服务器的私钥与客户端的公钥，而客户端则具有服务器的公钥以及客户端自己的私钥，你会看到，在此次联机的服务器与客户端的密钥系统（公钥＋私钥）并不一样，所以才称为非对称加密系统。

开始双向加解密：①服务器到客户端：服务器传送数据时，将用户的公钥加密后送出，客户端接收后，用自己的私钥解密；②客户端到服务器：客户端传送数据时，将服务器的公钥加密后送出，服务器接收后，用服务器的私钥解密，这样就能保证通信安全。

主要工作过程如图 4－16 所示。

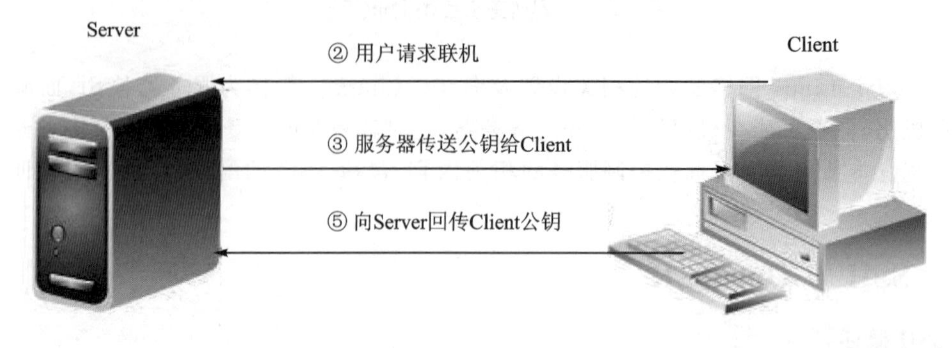

图 4－16　SSH 工作原理图

3. SSH 组成

① SSH 协议使用的是 tcp 的 22 号端口，telnet 使用的是 tcp 的 23 号端口，SSH 协议是 C/S 架构，分为服务器端与客户端。查看端口的文件：/etc/services，如图 4－17 所示。

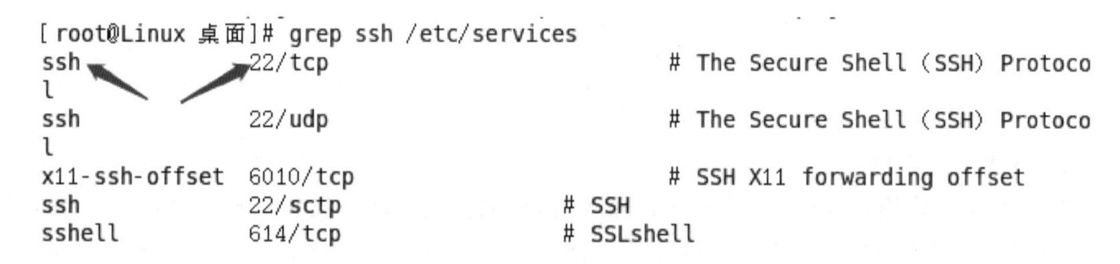

```
[root@Linux 桌面]# grep ssh /etc/services
ssh             22/tcp                          # The Secure Shell (SSH) Protoco
l
ssh             22/udp                          # The Secure Shell (SSH) Protoco
l
x11-ssh-offset  6010/tcp                        # SSH X11 forwarding offset
ssh             22/sctp                 # SSH
sshell          614/tcp                 # SSLshell
```

图 4－17　查看端口文件

② 服务器端的程序有 SSHD。客户端的程序：Windows 下有 putty、SecureCRT、SSH Secure Shell Client 等；Linux 下有 SSH。

4. SSH 工具实现(OpenSSH)

OpenSSH 包括 SSHD 主程序与 SSH 客户端。

4.2.2　配置 OpenSSH 服务

1. 安装 OpenSSH 服务(CentOS 系统默认安装了 OpenSSH)

代码如下：

```
yum install openssh-server -y
```

2. 配置 OpenSSH 服务(默认的配置已可以正常工作)

OpenSSH 的主配置文件：/etc/ssh/sshd_config。

常见的配置选项如表 4－1 所列。

表 4-1 SSHD 服务配置文件中包含的配置选项

参 数	作 用
Port 22	默认的 SSHD 服务端口
ListenAddress 0.0.0.0	设定 SSHD 服务器监听的 IP 地址
Protocol 2	SSH 协议的版本号
HostKey /tc/ssh/ssh_host_key	SSH 协议版本为 1 时，DES 私钥存放的位置
HostKey /etc/ssh/ssh_host_rsa_key	SSH 协议版本为 2 时，RSA 私钥存放的位置
HostKey /etc/ssh/ssh_host_dsa_key	SSH 协议版本为 2 时，DSA 私钥存放的位置
PermitRootLogin yes	设定是否允许 root 管理员直接登录
StrictModes yes	当远程用户的私钥改变时直接拒绝连接
MaxAuthTries 6	最大密码尝试次数
MaxSessions 10	最大终端数
PasswordAuthentication yes	是否允许密码验证
PermitEmptyPasswords no	是否允许空密码登录(很不安全)

接下来使用 SSH 命令进行远程连接，其格式为“ssh [参数] 主机 IP 地址”。要退出登录则执行 exit 命令，代码如下：

```
[root@linuxprobe~]# ssh 192.168.10.10
The authenticity of host '192.168.10.10 (192.168.10.10)' can't be established.
ECDSA key fingerprint is 4f:a7:91:9e:8d:6f:b9:48:02:32:61:95:48:ed:1e:3f.
Are you sure you want to continue connecting (yes/no)? yes
Warning: Permanently added '192.168.10.10' (ECDSA) to the list of known hosts.
root@192.168.10.10's password:此处输入远程主机 root 管理员的密码
Last login: Wed Apr 15 15:54:21 2017 from 192.168.10.10
[root@linuxprobe~]#
[root@linuxprobe~]# exit
logout
Connection to 192.168.10.10 closed.
```

如果禁止以 root 管理员的身份远程登录到服务器，可以大大降低被黑客暴力破解密码的概率。下面进行相应配置：首先使用 vim 文本编辑器打开 SSHD 服务的主配置文件，然后把第 48 行#PermitRootLogin yes 参数前的井号(#)去掉，并把参数值 yes 改成 no，这样就不再允许 root 管理员远程登录了。记得最后保存文件并退出。代码如下：

```
[root@linuxprobe~]# vim /etc/ssh/sshd_config
………………省略部分输出信息………………
46
47 #LoginGraceTime 2m
48 PermitRootLogin no
49 #StrictModes yes
50 #MaxAuthTries 6
51 #MaxSessions 10
```

```
52
………………省略部分输出信息………………
```

再次提醒的是,一般的服务程序并不会在配置文件修改之后立即获得最新的参数。如果想让新配置文件生效,则需要手动重启相应的服务程序。最好也将这个服务程序加入开机启动项中,这样系统在下一次启动时,该服务程序便会自动运行,继续为用户提供服务。代码如下:

```
[root@linuxprobe~]# systemctl restart sshd
[root@linuxprobe~]# systemctl enable sshd
```

这样一来,当 root 管理员再来尝试访问 SSHD 服务程序时,系统会提示不可访问的错误信息。虽然 SSHD 服务程序的参数相对比较简单,但这就是在 Linux 系统中配置服务程序的正确方法。大家要做的是举一反三、活学活用,这样即使以后遇到了陌生的服务,也一样可以搞定了。代码如下:

```
[root@linuxprobe~]# ssh 192.168.10.10
root@192.168.10.10's password:此处输入远程主机 root 用户的密码
Permission denied, please try again.
```

4.2.3 安全密钥验证

加密是对信息进行编码和解码的技术,它通过一定的算法(密钥)将原本可以直接阅读的明文信息转换成密文形式。密钥即是密文的钥匙,有私钥和公钥之分。在传输数据时,如果担心被他人监听或截获,可以在传输前先使用公钥对数据进行加密处理,然后再传送。这样,只有掌握私钥的用户才能解密这段数据,除此之外的其他人即使截获了数据,一般也很难将其破译为明文信息。

一言以蔽之,在生产环境中使用密码进行口令验证终归存在着被暴力破解或嗅探截获的风险。如果正确配置了密钥验证方式,那么 SSHD 服务程序将更加安全。下面进行具体的配置,其步骤如下:

第 1 步:在客户端主机中生成"密钥对"。代码如下:

```
[root@linuxprobe~]# ssh-keygen
Generating public/private rsa key pair.
Enter file in which to save the key (/root/.ssh/id_rsa):按回车键或设置密钥的存储路径
Created directory '/root/.ssh'.
Enter passphrase (empty for no passphrase):直接按回车键或设置密钥的密码
Enter same passphrase again:再次按回车键或设置密钥的密码
Your identification has been saved in /root/.ssh/id_rsa.
Your public key has been saved in /root/.ssh/id_rsa.pub.
Your identification has been saved in /root/.ssh/id_rsa.
Your public key has been saved in /root/.ssh/id_rsa.pub.
The key fingerprint is:
40:32:48:18:e4:ac:c0:c3:c1:ba:7c:6c:3a:a8:b5:22 root@linuxprobe.com
The key's randomart image is:
```

```
+ --[ RSA 2048]---- +
|+ *..o.           |
|*.o   +           |
|o*      .         |
|+ .     .         |
|o..      S        |
|.. +              |
|. =               |
|E+ .              |
|+.o               |
+ ------------ +
```

第 2 步:把客户端主机中生成的公钥文件传送至远程主机。代码如下:

```
[root@linuxprobe~]# ssh-copy-id 192.168.10.10
The authenticity of host '192.168.10.20 (192.168.10.10)' can't be established.
ECDSA key fingerprint is 4f:a7:91:9e:8d:6f:b9:48:02:32:61:95:48:ed:1e:3f.
Are you sure you want to continue connecting (yes/no)? yes
/usr/bin/ssh-copy-id: INFO: attempting to log in with the new key(s), to filter out any that are already installed
/usr/bin/ssh-copy-id: INFO: 1 key(s) remain to be installed -- if you are prompted now it is to install the new keys
root@192.168.10.10's password:此处输入远程服务器密码
Number of key(s) added: 1
Now try logging into the machine, with: "ssh '192.168.10.10'"
and check to make sure that only the key(s) you wanted were added.
```

第 3 步:对服务器进行设置,使其只允许密钥验证,拒绝传统的口令验证方式。记得在修改配置文件后保存并重启 SSHD 服务程序。代码如下:

```
[root@linuxprobe~]# vim /etc/ssh/sshd_config
………………省略部分输出信息………………
74
75 # To disable tunneled clear text passwords, change to no here!
76 #PasswordAuthentication yes
77 #PermitEmptyPasswords no
78 PasswordAuthentication no
79
………………省略部分输出信息………………
[root@linuxprobe~]# systemctl restart sshd
```

第 4 步:在客户端尝试登录到服务器,此时无须输入密码也可成功登录。代码如下:

```
[root@linuxprobe~]# ssh 192.168.10.10
Last login: Mon Apr 13 19:34:13 2017
```

4.2.4 远程传输命令

scp(secure copy)是一个基于 SSH 协议在网络之间进行安全传输的命令,其格式为“scp

[参数] 本地文件远程账户@远程 IP 地址:远程目录”。

与 cp 命令不同,cp 命令只能在本地硬盘中进行文件复制,而 scp 不仅能够通过网络传送数据,而且所有的数据都将进行加密处理。例如,如果想把一些文件通过网络从一台主机传递到其他主机,这两台主机又恰巧都是 Linux 系统,这时使用 scp 命令就可以轻松完成文件的传递。scp 命令中可用的参数以及作用如表 4-2 所列。

表 4-2 scp 命令中可用的参数及作用

参 数	作 用	参 数	作 用
-v	显示详细的连接进度	-r	用于传送文件夹
-P	指定远程主机的 SSHD 端口号	-6	使用 IPv6 协议

在使用 scp 命令把文件从本地复制到远程主机时,首先需要以绝对路径的形式写清本地文件的存放位置。如果要传送整个文件夹内的所有数据,还需要额外添加参数-r 进行递归操作。然后写上要传送到的远程主机的 IP 地址,远程服务器便会要求进行身份验证了。当前用户名称为 root,而密码则为远程服务器的密码。如果想使用指定用户的身份进行验证,可使用用户名@主机地址的参数格式。最后需要在远程主机的 IP 地址后面添加冒号,并在后面写上要传送到远程主机的哪个文件夹中。只要参数正确并且成功验证了用户身份,即可开始传送工作。由于 scp 命令是基于 SSH 协议进行文件传送的,而第 4.2.3 小节又设置好了密钥验证,因此当前传输文件时,并不需要账户和密码。代码如下:

```
[root@linuxprobe~]# echo "Welcome to LinuxProbe.Com" > readme.txt
[root@linuxprobe~]# scp /root/readme.txt 192.168.10.20:/home
root@192.168.10.20's password:此处输入远程服务器中 root 管理员的密码
readme.txt 100% 26 0.0KB/s 00:00
```

此外,还可以使用 scp 命令把远程主机上的文件下载到本地主机,其命令格式为“scp [参数] 远程用户@远程 IP 地址:远程文件本地目录”。例如,可以把远程主机的系统版本信息文件下载过来,这样就无须先登录远程主机,再进行文件传送了,也就省去了很多周折。代码如下:

```
[root@linuxprobe~]# scp 192.168.10.20:/etc/redhat-release /root
root@192.168.10.20's password:此处输入远程服务器中 root 管理员的密码
redhat-release 100% 52 0.1KB/s 00:00
[root@linuxprobe~]# cat redhat-release
Red Hat Enterprise Linux Server release 7.0 (Maipo)
```

4.3 Linux 网络工具

前面两节学习了网络配置及远程控制服务,本节将重点介绍一些常用的网络测试工具及相关命令。本节整理了在实践过程中使用的 Linux 网络工具,这些工具提供的功能非常强大,我们平时使用的只是冰山一角,比如 lsof、ip、tcpdump、iptables 等。本节不会深入研究这些命令的强大用法,只是简单地介绍并辅以几个简单 demo 实例,目的是在大脑中留个印象,平时遇到问题时能够快速搜索出这些工具,利用强大的 man 工具,提供一定的思路来解决问题。

4.3.1 网络测试工具

① ping:使用这个命令判断网络的连通性以及网速,偶尔还顺带当作域名解析使用(查看域名的 IP),示例如下:

```
ping google.com
```

默认使用该命令会一直发送 ICMP 包直到用户手动终止,可以使用-c 命令指定发送数据包的个数,使用-W 指定最长等待时间,如果有多张网卡,还可以通过-I 指定发送包的网卡。

② traceroute:ping 命令用于探测两个主机间连通性以及响应速度,而 traceroute 会统计到目标主机的每一跳的网络状态(print the route packets trace to network host),这个命令常常用于判断网络故障,比如本地不通,可使用该命令探测出是哪个路由出问题了。如果网络很卡,该命令可判断哪里是瓶颈,代码如下:

```
fgp@controller:~ $ sudo traceroute  -I -n int32bit.me
traceroute to int32bit.me (192.30.252.154), 30 hops max, 60 byte packets
1  192.168.1.1  4.610 ms  5.623 ms  5.515 ms
2  117.100.96.1  5.449 ms  5.395 ms  5.356 ms
3  124.205.97.48  5.362 ms  5.346 ms  5.331 ms
4  218.241.165.5  5.322 ms  5.310 ms  5.299 ms
5  218.241.165.9  5.187 ms  5.138 ms  7.386 ms
...
```

③ netstat:这个命令用来查看当前建立的网络连接(深刻理解 netstat 每一项代表的含义)。最经典的案例就是查看本地系统打开了哪些端口,代码如下:

```
fgp@controller:~ $ sudo netstat -lnpt
[sudo] password for fgp:
Active Internet connections (only servers)
Proto Recv-Q Send-Q  Local Address     Foreign Address   State    PID/Program name
tcp    0      0      0.0.0.0:3306      0.0.0.0:*         LISTEN   2183/mysqld
tcp    0      0      0.0.0.0:11211     0.0.0.0:*         LISTEN   2506/memcached
tcp    0      0      0.0.0.0:9292      0.0.0.0:*         LISTEN   1345/python
tcp    0      0      0.0.0.0:6800      0.0.0.0:*         LISTEN   2185/ceph-osd
tcp    0      0      0.0.0.0:6801      0.0.0.0:*         LISTEN   2185/ceph-osd
tcp    0      0      0.0.0.0:28017     0.0.0.0:*         LISTEN   1339/mongod
tcp    0      0      0.0.0.0:6802      .0.0.0:*          LISTEN   2185/ceph-osd
tcp    0      0      0.0.0.0:6803      0.0.0.0:*         LISTEN   2185/ceph-osd
tcp    0      0      0.0.0.0:22        0.0.0.0:*         LISTEN   1290/sshd
```

④ arp:配置并查看 Linux 系统的 arp 缓存,如图 4-18 所示。

```
//查看 arp 缓存
[root@Server ~]# arp
//添加 IP 地址 192.168.1.1 和 MAC 地址 00:14:22:AC:15:94 的映射关系
[root@Server ~]# arp -s 192.168.1.1 00:14:22:AC:15:94
```

图 4-18 arp 命令

4.3.2 其他常用网络工具

1. ip

ip 命令无比强大，它完全可以替换 ifconfig、netstat、route、arp 等命令，比如查看网卡 eth1 IP 地址，代码如下：

```
fgp@controller:~ $ sudoipaddr ls  dev eth1
3: eth1: <BROADCAST,MULTICAST,UP,LOWER_UP>mtu 1500 qdiscpfifo_fast state UP group default qlen 1000
    link/ether 08:00:27:9a:d5:d1 brdff:ff:ff:ff:ff:ff
inet 192.168.56.2/24 brd 192.168.56.255 scope global eth1
valid_lft forever preferred_lft forever
   inet6 fe80::a00:27ff:fe9a:d5d1/64 scope link
valid_lft forever preferred_lft forever
```

查看网卡 eth1 配置，代码如下：

```
fgp@controller:~ $ sudoip link ls eth1
3: eth1: <BROADCAST,MULTICAST,UP,LOWER_UP>mtu 1500 qdiscpfifo_fast state UP mode DEFAULT group
default qlen 1000
    link/ether 08:00:27:9a:d5:d1 brdff:ff:ff:ff:ff:ff
```

查看路由，代码如下：

```
fgp@controller:~ $ ip route
default via 192.168.1.1 dev brqcb225471 - 1f
172.17.0.0/16 dev docker0  proto kernel  scope link  src 172.17.0.1
192.168.1.0/24 dev brqcb225471 - 1f  proto kernel  scope link  src 192.168.1.105
192.168.56.0/24 dev eth1  proto kernel  scope link  src 192.168.56.2
```

查看 arp 信息，代码如下：

```
fgp@controller:~ $ sudoip neigh
192.168.56.1 dev eth1 lladdr 0a:00:27:00:00:00 REACHABLE
192.168.0.6 dev vxlan - 80 lladdr fa:16:3e:e1:30:c8 PERMANENT
172.17.0.2 dev docker0 lladdr 02:42:ac:11:00:02 STALE
192.168.56.3 dev eth1  FAILED
192.168.1.1 dev brqcb225471 - 1f lladdr 30:fc:68:41:12:c6 STALE
```

2. telnet

telnet 协议客户端(user interface to the TELNET protocol)，其功能并不仅仅限于 telnet 协议，有时也用来探测端口，比如查看本地端口 22 是否开放，代码如下：

```
fgp@controller:~ $ telnet localhost 22
Trying ::1...
Connected to localhost.
Escape character is '^]'.
SSH - 2.0 - OpenSSH_6.6.1p1 Ubuntu - 2ubuntu2.6
```

可见成功连接到 localhost 的 22 端口，说明端口已经打开，还输出了 banner 信息。

3. route

route 命令用于查看和修改路由表。

查看路由表,代码如下:

```
fgp@controller:~ $ sudo route -n
Kernel IP routing table
Destination   Gateway      Genmask          Flags   Metric   Ref   Use   Iface
0.0.0.0       192.168.1.1  0.0.0.0          UG      100      0     0     brqcb225471-1f
172.17.0.0    0.0.0.0      255.255.0.0      U       0        0     0     docker0
192.168.1.0   0.0.0.0      255.255.255.0    U       0        0     0     brqcb225471-1f
192.168.56.0  0.0.0.0      255.255.255.0    U       0        0     0     eth1
```

增加/删除路由分别为 add/del 子命令,比如删除默认路由,代码如下:

```
sudo route del default
```

增加默认路由,网关为 192.168.1.1,网卡为 brqcb225471-1f,代码如下:

```
sudo route add default gw 192.168.1.1 dev brqcb225471-1f
```

4. 其他工具

还有其他 Linux 中常用的网络工具,包括:

- 网络配置相关:ifconfig、ip;
- 路由相关:route、netstat、ip;
- 查看端口工具:netstat、lsof、ss、nc、telnet;
- 下载工具:curl、wget、axel;
- 防火墙:iptables、ipset;
- 流量相关:iftop、nethogs;
- 连通性及响应速度:ping、traceroute、mtr、tracepath;
- 域名相关:nslookup、dig、whois;
- web 服务器:python、nginx;
- 抓包相关:tcpdump;
- 网桥相关:ip、brctl、ifconfig、ovs。

4.4 思考与实验

学完本章后读者初步了解到如何使用 nmtui 命令配置网络参数,以及通过 nmcli 命令查看网络信息并管理网络会话服务。同时还掌握了 SSH 协议与 OpenSSH 服务程序的理论知识、Linux 系统的远程管理方法以及在系统中配置服务程序的方法。

1. 根据本章所学内容进行一个实战练习,掌握 Linux 下 TCP/IP 网络的设置方法,学会使用命令检测网络配置,学会启用和禁用系统服务,掌握 SSH 服务及应用。

项目背景:

① 要求用户在多个配置文件中快速切换。在公司网络中使用笔记本电脑时需要手动指定网络的 IP 地址,而回到家中则使用 DHCP 自动分配的 IP 地址。

② 通过 SSH 服务访问远程主机，可以使用证书登录远程主机，不需要输入远程主机的用户名和密码。

项目内容：

在 Linux 系统下练习 TCP/IP 网络设置、网络检测方法、创建实用的网络会话、SSH 服务。

根据项目要求，将项目完整地做一遍。

2. 在 Linux 系统中有多种方法可以配置网络参数，请列举几种。

3. 在 Linux 系统中，当通过修改其配置文件中的参数来配置服务程序时，若想让新配置的参数生效，还需要执行什么操作？

4. SSHD 服务的口令验证与密钥验证方式，哪个更安全？

5. 想要把本地文件/root/out.txt 传送到地址为 192.168.10.20 的远程主机的/home 目录下，且本地主机与远程主机均为 Linux 系统，最简便的传送方式是什么？

第 5 章

vi 编辑器与 Shell 脚本编程

学习目标

- 掌握 vi 编辑器的使用；
- 掌握 Shell 脚本编程基础；
- 掌握 Shell 编程的控制流程；
- 了解 Shell 脚本的跟踪与调试方法。

系统管理员的重要工作就是要修改与设置某些重要软件的配置文件，因此至少要学会一种以上的命令行模式下的文本编辑器。在所有的 Linux 发行版上面都会有的一个文本编辑器，那就是 vi，而很多软件默认也是使用 vi 作为它们的编辑工具，因此建议读者务必学会使用 vi 这个正规的文本编辑器。此外，vim 是高级版的 vi，vim 不但可以用不同颜色显示文字内容，还能够进行诸如 Shell 脚本、C 语言等程序编辑，可以将 vim 视为一种程序编辑器。

5.1 vi 编辑器

Linux 在命令行模式下的文本编辑器有哪些？其实有非常多。常常听到的就有 emacs、pico、nano、joe 与 vim 等。既然有那么多命令行模式的文本编辑器，那么为什么一定要学 vi 呢？还有 vim 是干什么的？下面列出 4 点原因：

- 所有的 UNIX - like 系统都会内置 vi 文本编辑器，其他的文本编辑器则不一定存在；
- 很多软件的编辑接口都会主动调用 vi（例如 crontab、visudo、edquota 等命令）；
- vim 具有程序编辑的能力，可以主动以字体颜色辨别语法的正确性，方便设计程序；
- 因为程序简单，编辑速度相当快。

由于大多数 Linux 的命令都默认使用 vi 作为数据编辑接口，所以一定要学会使用 vi，否则很多命令根本无法操作。

那么什么是 vim？其实你可以将 vim 视作 vi 的高级版本，vim 可以用颜色或下划线的方式来显示一些特殊的信息。举例来说，当你使用 vim 编辑一个 C 语言程序文件或是 Shell 脚本程序，vim 会依据文件的扩展名或文件内的开头信息判断该文件的内容，从而自动调用该程序的语法判断样式，再以不同颜色来区别显示程序代码与一般信息，也就是说，vim 是个程序编辑器，甚至一些 Linux 基础配置文件内的语法，都能够用 vim 来检查。

简单来说，vi 是老式的文本编辑器，不过功能已经很齐全了，但是还有可以改进的地方。vim 则可以说是一项很好用的工具，甚至可以说，vim 是一个程序开发工具而不是文本处理软件。因为 vim 里加入了很多额外的功能，例如支持正则表达式的查找方式、多文件编辑、区块复制等。

5.1.1 vi 编辑器的启动与退出

如果你想要使用 vi 来建立一个名为 welcome. txt 的文件时，可以这样操作：

1. 使用“vifilename”进入一般命令模式

代码如下：

```
[scavc@localhost~]$ /bin/vi welcome.txt
#在 CentOS 7 中，一般账号 vi 已被 vim 替代，因此要输入绝对路径来执行
```

直接输入“vi 文件名”就能够进入 vi 的一般命令模式。需要注意的是，vi 后面一定要加文件名，不管该文件名是否存在，否则 vi 将找不到保存文件，需要强制退出。

整个界面主要分为两部分，上半部分与最下面一行。如图 5-1 所示，图中虚线并不存在，仅用作注明区域划分。上半部分显示的是文件的实际内容，最下面一行则是状态显示行（图所示的[NewFile]信息），或是命令执行行。

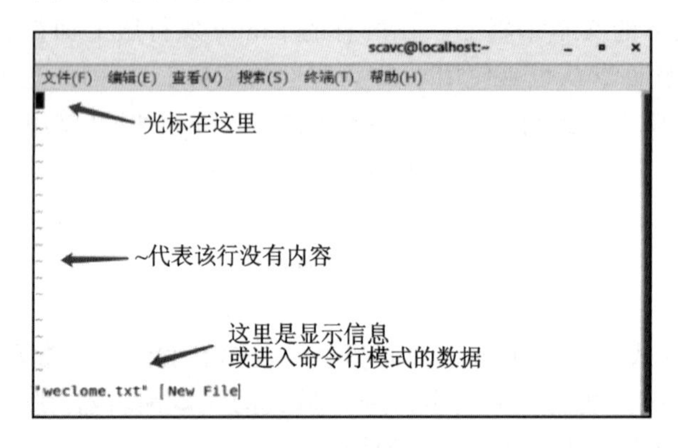

图 5-1 用 vi 打开一个新文件

如果打开的文件是已经存在的文件，则上半部分会出现文件原来保存的内容，如图 5-2 所示。

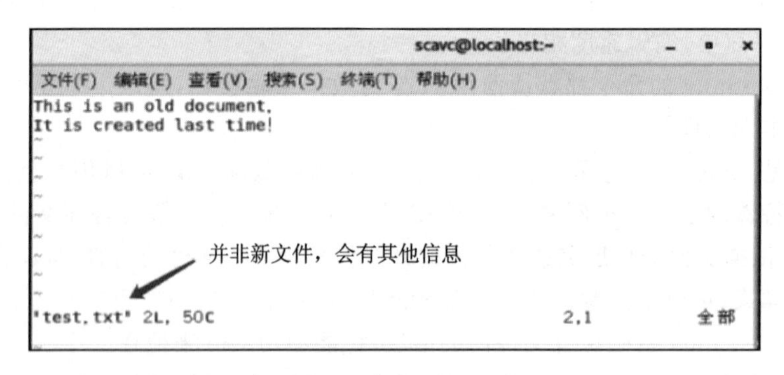

图 5-2 用 vi 打开一个旧文件

图中，箭头所指部分“test. txt”2L，50C 代表的是现在打开的文件名为“test. txt”，文件内有 2 行，50 个字符，所指这一行并不是文件内容，而是 vi 显示一些信息的地方，此时是在一般命令模式的环境下，接下来试着编辑文字。

2. 按下 i 进入编辑模式,开始编辑文字

在一般命令模式下,按下 i、I、o、O、a、A 等字符就可以进入编辑模式了,不同字符的插入效果有所不同,具体在后面常用命令中说明,在编辑模式当中,左下角状态栏中会出现"-插入-"的字样,是一个可以输入任意字符的提示。这时,除了键盘上的 Esc 键外,其他的按键都可以视作为一般的输入按钮进行任何编辑(见图 5-3)。

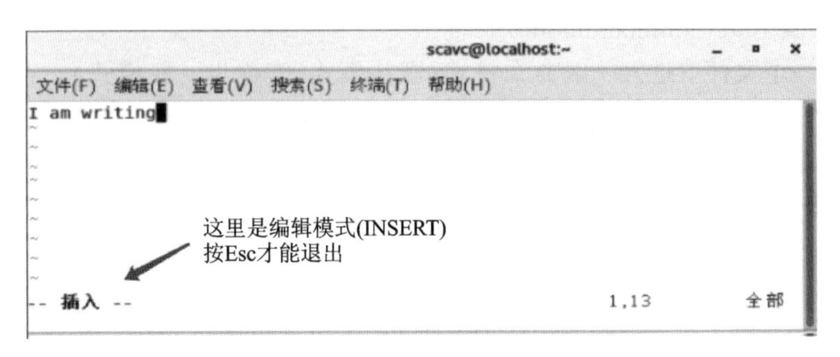

图 5-3　开始用 vi 进行编辑

3. 按下"Esc"键回到一般命令模式

如果完成了编辑工作,只需要按下"Esc"键就可以退出编辑模式,左下角的"-插入-"字样就会消失。

4. 进入命令行模式,文件保存并退出 vi 环境

完成整个编辑工作后,需要保存(write)并退出(quit)时,按":"键,进入命令行模式,此时光标会移动到最下面一行,接着输入 wq 即可保存并退出,如图 5-4 所示。此时就可以通过"ls"命令查看到刚才建立的"welcome. txt"文件了,如图 5-5 所示。

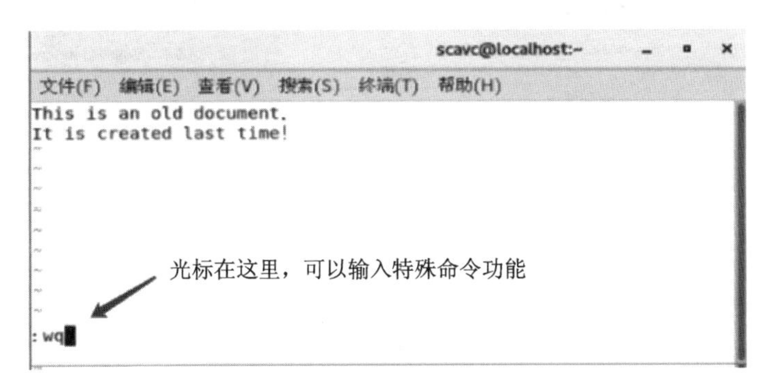

图 5-4　在命令行模式进行保存及退出 vi 环境

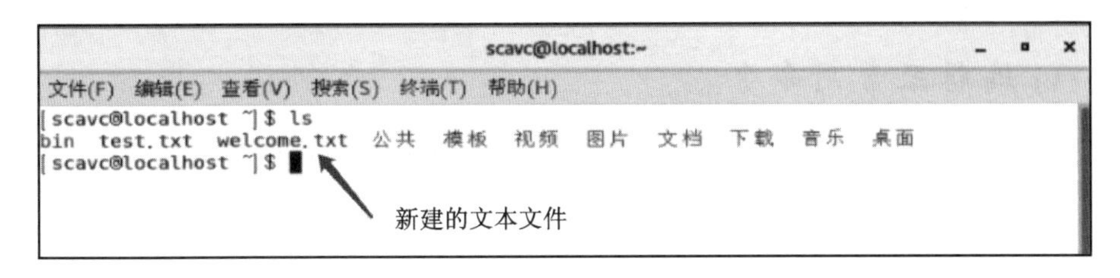

图 5-5　退出 vi 后通过命令 ls 查看编辑的文件

需要注意的是，如果当前用户文件权限不对，会导致文件无法写入，此时可以使用强制写入命令，即输入“:wq!”，此特殊情况需要账户权限可以改变的情况下才能成立。

5.1.2 vi 编辑器的工作模式

vi 编辑器共分为 3 种工作模式，分别是一般命令模式、编辑模式与命令行模式。

（1）一般命令模式(commandmode)

用 vi 打开一个文件就进入一般命令模式（默认模式，简称为一般模式）。在这个模式下，可以用“上下左右”按键来移动光标，可以用“删除字符”或“删除整行”来处理文件内容，也可以使用“复制、粘贴”来处理文件内容。

（2）编辑模式(insertmode)

在一般命令模式中可以进行删除、复制、粘贴等操作，但是却无法编辑文件的内容。要等到你按下 i、I、o、O、a、A、r、R 等任何一个字母之后才会进入编辑模式。通常在 Linux 中，按下这些按键时，在界面的左下方会出现“INSERT”或“REPLACE”的字样，此时才可以进行编辑，而如果要回到一般命令模式时，则必须要按下“Esc”这个按钮才可以退出编辑模式。

（3）命令行模式(command-linemode)

在一般模式下，输入“:”“/”“?”三个中的任何一个按钮，就可以将光标移动到最下面一行。在这个模式下，可以提供查找数据的操作，而读取、保存、批量替换字符、退出 vi、显示行号等操作则是在此模式下完成。

图 5－6 展示了 3 种模式之间的关系。

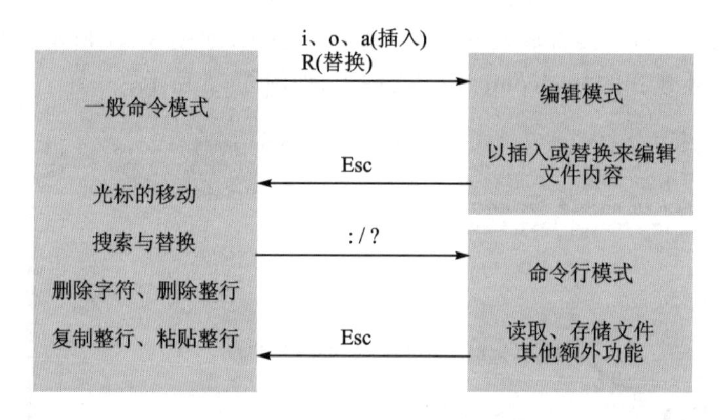

图 5－6　三种模式之间如何切换

需要注意的是，一般命令模式可与编辑模式及命令行模式切换，但编辑模式与命令行模式之间不可相互切换。

5.1.3 vi 编辑器常用命令

除了上面示范的“i”“Esc”“:wq”之外，其实 vi 还有非常多的按键可以使用，如表 5－1～5－5 所列。

表 5-1　一般命令模式可用的功能按键说明——光标移动

命　令	功　能
h 或左箭头键(←)	光标向左移动一个字符
j 或下箭头键(↓)	光标向下移动一个字符
k 或上箭头键(↑)	光标向上移动一个字符
l 或右箭头键(→)	光标向右移动一个字符
如果想要移动多行,比如向下移动 30 行,可以使用“30j”或“30↓”的组合按键	
Ctrl+f	屏幕向下移动一页(常用)
Ctrl+b	屏幕向上移动一页(常用)
Ctrl+d	屏幕向下移动半页
Ctrl+u	屏幕向上移动半页
+	光标移动到非空格符的下一行
-	光标移动到非空格符的上一行
n+space	n 表示数字,space 表示空格,按下数字后再按空格键,光标会向右移动这一行的 n 个字符,比如按 20,再按空格键,则光标会向后移动 20 个字符距离
0 或功能键 home	移动到这一行的最前面的字符处(常用)
$ 或功能键 End	移动到这一行的最后面的字符处(常用)
H	光标移动到这个屏幕的最上方那一行的第一个字符
M	光标移动到这个屏幕的中央那一行的第一个字符
L	光标移动到这个屏幕的最下方那一行的第一个字符
G	移动到这个文件的最后一行(常用)
nG	n 为数字,移动到这个文件的第 n 行,例如 20G 则会移动到这个文件的第 20 行
gg	移动到这个文件的第一行,相当于 1G(常用)
n+Enter	n 为数字,光标向下移动 n 行(常用)

表 5-2　一般命令模式可用的功能按键说明——查找与替换

命　令	功　能
/word	向光标之下寻找一个名为 word 的字符串,例如要在文件内查找 linux 这个字符串,就输入/linux 即可(常用)
? word	向光标之上寻找一个名为 word 的字符串
n	n 是英文按键,代表“重复前一个查找的操作”,比如刚执行了/linux 向下查找 linux 这个字符串,按下 n 后,会向下继续查找下一个名为 linux 的字符串;如果执行的是? linux 命令按下 n,则会向上继续查找名称为 linux 的字符串
N	这个是 N 英文按键,与 n 正好相反,为“反向”进行前一个查找操作
:n1,n2s/word1/word2/g	n1 和 n2 为数字,在第 n1 行与 n2 行之间查询 word1 这个字符串,并将该字符串替换为 word2,比如在 100 到 200 行之间查找 linux 并替换为 LINUX,则可以输入“:100,200s/linux/LINUX/g”(常用)

续表 5－2

命　令	功　能
:1，$ s/word1/word2/g	从第一行到最后一行寻找 word1 字符串，并将该字符串替换为 word2（常用）
:1，$ s/word1/word2/gc	从第一行到最后一行寻找 word1 字符串，并将该字符串替换为 word2，且在替换前显示提示字符给用户确认（confirm）是否需要替换（常用）

表 5－3　一般命令模式可用的功能按键说明——删除、复制与粘贴

命　令	功　能
x 与 X	在一行当中，x 为向后删除一个字符（相当于 del 键），X 为向前删除一个字符（相当于 Backspace 键）（常用）
nx	n 为数字，连续向后删除 n 个字符，比如连续删除 10 个字符，则输入 10x
dd	剪切光标所在处的那一整行（常用）
ndd	n 为数字，剪切光标所在处的向下 n 行，例如 20dd 是剪切光标所处行及以下的 20 行（常用）
d1G	剪切光标所在处到第一行的所有数据
dG	剪切光标所在处到最后一行的所有数据
d$	剪切光标所在处到该行的最后一个字符
d0	0 是数字零，剪切光标所在处到该行的最前面一个字符
yy	复制光标所在的那一行（常用）
nyy	n 为数字，复制光标所在处的向下 n 行，例如 20yy 则是复制 20 行（常用）
y1G	复制光标所在行到第一行的所有数据
yG	复制光标所在行到最后一行的所有数据
y0	复制光标所在的那个字符到该行行首的所有数据
y$	复制光标所在的那个字符到该行行尾的所有数据
p 与 P	p 为将已复制的数据在光标下一行粘贴，P 则为贴在光标上一行（常用）
J	将光标所在行与下一行的数据结合成同一行
c	重复删除多个数据，例如向下删除 10 行，则输入 10c
u	恢复前一个操作（常用）
Ctrl＋r	重做上一个操作（常用）
.	. 为小数点，意为重复前一个操作，如果要重复删除，重复粘贴，则可以按小数点键（常用）

表 5－4　一般命令模式可用的功能按键说明——插入或替换

命　令	功　能
i 与 I	进入插入模式（Insertmode） i 从目前光标所在处插入；I 在目前所在行的第一个非空格符开始插入（常用）
a 与 A	进入插入模式（Insertmode） a 从目标光标所在的下一个字符处开始插入；A 从光标所在行的最后一个字符处开始插入（常用）

续表 5-4

命　令	功　能
o 与 O	进入插入模式(Insertmode) 英文小写 o 在目标光标所在的下一行处插入新的一行;英文大写 O 在目前光标所在处的上一行插入新的一行(常用)
r 与 R	进入替换模式(Replacemode) r 替换光标所在的那一个字符一次;R 一直替换光标所在的文字,直到按下 Esc 为止(常用)
Esc	退出编辑模式,回到一般命令模式(常用)

表 5-5　一般命令模式切换到命令行模式的可用按键说明

命　令	功　能
:w	将编辑的数据写入硬盘文件中(常用)
:w!	若文件属性为只读时,强制写入该文件,最终是否能写入,跟账户和文件权限有关
:q	退出 vi(常用)
:q!	强制退出不保存文件
:wq	保存后退出,若为:wq! 则为强制保存后退出(常用)
ZZ	若文件没有修改,则不保存退出,若文件已经被修改过,则保存后退出
:w filename	将编辑的数据保存成另一个文件
:r filename	在编辑的数据中读入另一个文件的数据,即将 filename 这个文件内容加到光标所在行后面
:n1,n2 w filename	将 n1～n2 行的内容保存为 filename 这个文件
:! command	暂时退出 vi,到命令行模式下执行 command 的显示结果,例如":! ls/home"即可在 vi 当中查看/home 下面以 ls 输出的文件信息
:set nu	vim 环境中显示行号,设置之后,会在每一行的前缀显示该行的行号
:set nonu	与 set nu 相反,为取消行号

通过以上表格可以看出,常用的命令不到一半,通常 vi 命令可以通过查表使用,后面再慢慢熟练。

5.2　Shell 编程基础

对于操作系统,不论是 Linux、UNIX 还是 Windows 都离不开 Shell,因为管理整个计算机硬件的其实是操作系统的内核(kernel),这个内核是需要被保护的,所以一般用户就只能通过 Shell 来跟内核沟通,让内核完成我们所想要实现的任务。

5.2.1　硬件、内核与 Shell

那什么是 Shell? 在讨论 Shell 之前,先来了解一下计算机的运行情况,比如,当你要计算机播放音乐的时候,计算机需要什么东西?

① 硬件:硬件需要声卡这个设备;

② 内核管理:操作系统的内核可以支持这个芯片组,当然还需要提供芯片的驱动程序;

③ 应用程序:需要用户输入发出声音的命令。

这就是基本的一个输出声音所需的步骤,也就是说,用户必须输入一个命令之后,硬件才会通过执行命令来工作。那么硬件如何知道你要执行的命令?那就是内核(kernel)的管理工作了,也就是说,必须通过 Shell 将我们输入的命令与内核沟通,好让内核可以控制硬件来正确无误地工作。

然后,操作系统始终要让用户使用,由于操作系统控制整个硬件与管理系统的活动检测,如果操作系统能被用户随意操作,若应用不当,将会使整个系统崩溃,因此就有了在操作系统上面发展的应用程序。用户可以通过应用程序来指挥内核,让内核完成我们所需要的硬件任务,并且我们发现应用程序其实在计算机软件体系的最外层,就如同鸡蛋外壳一样,因此这种应用程序也称为壳程序(Shell)。

其实壳程序的功能只是提供用户操作系统的一个界面,因此需要调用其他软件。比如之前学习的 man、chmod、chown、vi、fdisk、mkfs 等命令,这些命令都对应独立的应用程序,通过壳程序(即命令行模式)来操作这些应用程序,让其调用内核来执行所需的任务,这就是壳程序的概念,也就是说,只要能够操作应用程序的软件都能够称为壳程序。

知道什么是 Shell 之后,我们来了解一下 Linux 使用的是哪一个 Shell? 因为 Linux 中不止一个 Shell。在早年的 UNIX 年代发展者众多,所以 Shell 依据发展者的不同就有了许多的版本,例如 Bourne Shell(sh)、在 Sun 里面默认的 C Shell、商业上常用的 Korn Shell,还有 TCSH 等,每一种 Shell 都各有特点。至于 Linux 使用的这一种版本就称为 Bourne Again Shell(简称 bash),这个 Shell 是 Bourne Shell 的增强版本,也是基于 GNU 的架构发展出来的。

5.2.2 bash 的功能

既然 bash 是 Linux 默认的 Shell,接下来就介绍一下 bash 的特点:

(1) 历史命令(history)

在命令行按"上下键"就可以找到前后输入的命令,在很多 Linux 发行版中,默认的命令记录条数可达 1 000 条。这些命令存放在 home 目录的. bash_history 中,不过需要注意的是,~/. bash_history 记录的是前一次登录所执行过的命令,而这一次登录所执行的命令被缓存在内存中,当系统注销后,命令才会记录到. bash_history 中。

这个特点允许用户查询曾做过的操作、追踪执行过的命令、作为查错的重要流程。但此特点也有弊端,就是如果黑客入侵系统,那么曾经执行过的命令就可以被查看,刚好命令又与系统有关,比如直接输入到命令行的 MySQL 密码,那么服务器就存在风险,是否使用此功能应根据风险程度评判。

(2) 命令与文件补全功能(Tab 按键功能)

在 bash 环境中使用 Tab 键可以让你少打字,并且可以判断输入的数据是否正确。使用 Tab 键的时机根据 Tab 接在命令后或参数后而有所不同:

Tab 键接在一串命令的第一个字后面,则为命令补全;

Tab 键接在一串命令的第二个字后面,则为文件补全;

若安装 bash-completion 软件,则在命令后面使用 Tab 键时,可以进行"选项/参数补齐"功能。

因此,如果想要知道环境中所有以 c 开头的命令,则按下"c[Tab][Tab]"就可以查看。

(3) 命令别名设置功能(alias)

如果需要知道当前目录下所有文件(包含隐藏文件)及所有的文件属性,可以执行命令“ls -al”,但如果经常使用就显得麻烦,我们可以对这个命令起别名,比如用 lm 这个自定义命令来替换刚才的命令,即使用 alias,则可以输入:aliaslm=‘ls -al’。

(4) 通配符(Wildcard)

除了完整的字符串外,bash 还支持许多通配符来帮助用户查询与执行命令,比如想知道/usr/bin 下面有多少以 X 开头的文件,则可以使用“ls -l/usr/bin/X *”查看,此外还有其他可以利用的通配符来加快用户操作。

(5) 命令的执行与快速编辑按钮(Enter、\)

如果一次输入的命令非常多,造成一行命令太长,则可以使用反斜杠“\”来将命令换行。比如下面命令:

```
[scavc@localhost~]$ cp /var/spool/mail/root /etc/crontab \
> /etc/fstab /root
```

是将 3 个文件复制到/root 这个目录下,但由于命令太长,可以使用“\Enter”来将 Enter 键转义,让 Enter 键不再具有执行命令的功能,转而为换行的功能。需要注意的是,反斜杠后需紧跟 Enter 键,否则转义的就不是 Enter 键了,因为转义字符仅转义紧接着的下一个字符。

如果转义 Enter 键成功后,下一行最前面会自动出现“>”符号,意为可以继续输入命令。

另外,如果你所需执行的命令特别长,或是输入了一串错误的命令时,可以将这串命令快速删除,操作命令快捷键如表 5-6 所列。

表 5-6 操作命令快捷键

组合键	功能与示范
Ctrl+u,Ctrl+k	分别从光标处向前删除命令串“Ctrl+u”及向后删除命令串“Ctrl+k”
Ctrl+a,Ctrl+e	分别让光标移动到整个命令串的最前面“Ctrl+a”或最后面“Ctrl+e”

(6) 程序化脚本(Shellscript)

在使用 DOS 时,通常我们会将许多命令写在一起生成一个批处理文件,在 Linux 下面的 Shell 脚本则可以发挥更强大的功能,可以将平时管理系统常需要执行的连续命令写成一个文件,该文件可以通过交互式的方式来进行主机的检测工作,也可以借由 Shell 提供的环境变量及相关命令进行设计。以前在 DOS 下需要程序语言实现的工作,在 Linux 下使用简单的 Shell 就可以完成。

5.2.3 Shell 脚本简介

如果想管理好自己的主机,那么 Shell 脚本是一个自动管理系统的好工具。基本上,Shell 脚本有点像早期的批处理文件,即将一些命令集合起来一次执行,但 Shell 脚本拥有更强大的功能,它可以进行类似程序(program)的编写,并且不需要经过编译(compile)就能够执行。通常我们使用 Shell 脚本来简化日常的任务管理,并且在 Linux 环境中,一些服务(services)的启动都是通过 Shell 脚本完成的。

那什么是 Shell 脚本?即 Shellscript,字面上意思分为两部分。Shell 是在命令行模式下让我们与系统沟通的一个工具接口；script（脚本、剧本的意思），按照预定的设计发展的意思。那么 Shell 脚本（Shellscritpt）就是针对 Shell 所写的剧本。

其实 Shell 脚本是利用 Shell 的功能所写的一个程序（program）。这个程序使用纯文本文件将一些 Shell 的语法与命令写在里面，搭配正则表达式、管道命令与数据流重定向等功能，以达到我们所想要处理的目的。

所以，Shell 脚本可以让用户仅执行一个 Shell 脚本文件，就能够一次执行多个命令进行复杂的操作，并且 Shell 脚本提供数组、循环、条件与逻辑判断等重要功能，让用户可以直接用 Shell 来编写程序，而不必使用传统程序语言（如 C 语言）来编写。

那么 Shell 脚本有什么应用场景？

（1）自动化管理

管理一台主机不是一件容易的事，每天需要查询日志文件、跟踪流量、监控用户使用主机状态、主机各项硬件设备状态、主机软件更新查询等，更不用说还要应付其他用户的突然要求。当然，这些工作可以手动处理，也可以写一个简单的 Shell 脚本来自动处理分析。

（2）跟踪与管理自动的重要工作

在 CentOS 6. x 以前的版本中，系统服务（services）启动的接口是在/etc/init. d/这个目录下，目录下的所有文件都是脚本文件。另外，包括启动（booting）过程也都要利用 Shell 脚本来帮忙查找系统的相关设置参数，然后再代入各个服务的设置参数。比如，如果我们想要重新启动系统日志文件，可以使用/etc/init. d/rsyslogd-restart，rsyslogd 文件就是脚本。

当然，从 CentOS 7 开始，/etc/init. d/ * 这个脚本启动的方式（SystemV）已经被新一代的 system 所替代，但仍然有很多服务在管理服务启动方面还是使用 Shell 脚本的功能。

（3）简单入侵检测功能

当系统有异常时，大多会将这些异常记录在系统记录器，也就是我们常提到的系统日志文件中。那么我们可以在固定的几分钟内主动去分析系统日志文件，若察觉有问题，就立刻通知管理员或立刻加强防火墙的设置规则，如此一来，主机就能够实现自我保护。比如，通过 Shell 脚本分析封包尝试联机失败数次后，就组织该 IP 之类的操作。

（4）连续命令单一化

其实脚本最简单的功能是集合一些在命令行的连续命令，将它写入脚本文件中，由直接执行脚本来启动一连串的命令行命令输入。比如，防火墙设置规则（iptables）、启动加载程序的项目（在/etc/rc. d/rc. local 里的数据）等。其实，如果不考虑程序部分，脚本文件可以看成仅是帮我们把数条命令集合在一个文件里，而执行该文件就可以一次性执行数条命令的功能。

（5）简易的数据处理

Shell 脚本可以直接处理数据的对比、文字数据的处理。

（6）跨平台支持

几乎所有的 UNIX-like 上面都可以运行 Shell 脚本，甚至 Windows 系列也有相关的脚本模拟器可以用。此外，Shell 脚本的语法相当简洁，非常容易学习。

虽然 Shell 脚本号称是程序（program），但实际上其处理数据的速度并不理想。因为 Shell 脚本调用的是外部的命令和 bash shell 的一些默认工具，需要常常调用外部的函数库，因此运行速度比不上传统的编程序言。所以，Shell 脚本用在系统管理上面是很好的工具，但是用在处理大量数值运算上，效率就不高了。

5.2.4 Shell 变量操作

变量是 bash 环境中一个重要的东西，我们知道 Linux 是多用户多任务的环境，每个人登录系统都取得一个 bash shell，每个人都能够使用 bash 执行 mail 这个命令来接收自己的邮件等。问题是，bash 是如何得知你的邮箱是哪个文件？这时就需要变量的帮助，用它来记住不同用户的信息。

那么，变量是什么？简单地说，就是让某一个特定字符串代表不固定的内容。举个变量在数学中的例子，y=ax+b，等号左边的 y 就是变量，等号右边的(ax+b)就是变量内容，需要注意的是，左边是未知数，右边是已知数。那么变量就是用一个简单的"字眼"来替代另一个比较复杂或是容易变动的数据。

在 Linux 中，我们每个账号的邮箱默认是以 MAIL 这个变量来进行存取的，当 scavc 这个用户登录时，它便会取得 MAIL 这个变量，而这个变量的内容其实就是/var/spool/mail/scavc，那如果是 root 用户登录呢？它取得的 MAIL 变量的内容就变为/var/spool/mail/root。而我们使用邮件读取命令 mail 来读取自己的邮箱时，程序直接读取 MAIL 变量内容，自动分辨出属于当前账户的邮箱。如果没有变量，想象一下，mail 这个命令将 root 收信的邮箱(mailbox)文件名为/var/spool/mail/root 直接写入程序代码中，那么当 scavc 要使用 mail 时，将会取得/var/spool/mail/root 这个文件的内容。这样做就非常不合理，所以你就需要帮 scavc 也设计一个 mail 程序，将/var/spool/mail/scavc 写死到 mail 的程序代码中。如果程序是这样的逻辑，那么有多少个账户，就得有多少个 mail 命令。相反，如果把文件名改为变量，这样我们就不需要修改程序代码，只需要将 MAIL 这个变量代入不同的内容就可以让用户通过 mail 取得自己的邮件。

接下来我们看看如何把变量里的内容读出来，可以利用 echo 命令来使用变量，需要注意的是变量使用前需要在变量前面加上美元符号 $ 。比如，想知道 MAIL 变量和 PATH 变量的内容，可以输入：

```
[scavc@localhost~]$ echo $MAIL
/var/spool/mail/scavc
[scavc@localhost~]$ echo $PATH
/usr/local/bin:/usr/local/sbin:/usr/bin:/usr/sbin:/bin:/sbin:/home/scavc/.local/bin:/home
/scavc/bin
```

利用 echo 命令就可以将变量内容读取出来，只是需要在变量前面加上 $，或是以 ${变量}的方式来使用。当然，echo 的功能还有很多，这里只是应用 echo 来读取变量内容，想知道更多的 echo 功能，可以输入 manecho 查看。

现在知道了变量与变量内容之间的相关性，那么如何设置或修改某个变量的值呢？我们用等号(=)连接变量与它的内容，比如将名为 myname 的变量设置内容为 scavc，那么我们试着输入：

```
[scavc@localhost~]$ myname=scavc
[scavc@localhost~]$ echo ${myname}
scavc
```

如此一来，myname 这个变量就保存了 scavc 这个数据。需要注意的是，在 bash 中，当一个变量名称未被设置时，默认内容是空值。另外，变量在设置时，还需要符合一些规定，否则会设置失败，这些规则如下：

1. 变量设置规则

- 变量与变量内容以一个等号(=)来连接，比如：

```
myname=scavc
```

- 等号两边不能直接接空格，如下所示是错误的：

```
myname = scavc 或 myname=scavcCS
```

- 变量名称只能是英文字母与数字，但是开头字符不能是数字，如下所示是错误的：

```
2myname=scavc
```

- 变量名大小写敏感：Myname 和 myname 是两个变量。

2. 特殊情况

变量内容若有空格，可以使用双引号(" ")或单引号(' ')将变量内容括起来，但是：

- 双引号内的特殊字符如 $ 等，可以保有原本的特性，比如：

```
[scavc@localhost~]$ myname=scavc
[scavc@localhost~]$ var="$myname is my school"
[scavc@localhost~]$ echo $var
scavc is my school
```

- 单引号内的特殊字符则仅为一般字符(纯文本)，比如：

```
[scavc@localhost~]$ myname=scavc
[scavc@localhost~]$ var='$myname is my school'
[scavc@localhost~]$ echo $var
$myname is my school
```

可以看出变量 $myname 被当成字符了，而不是变量。

- 可用转义字符(\)将特殊符号(如 Enter、$、\、空格等)变为一般字符，比如：

```
myname=scavc\ CS
```

- 在一串命令的执行中，还需使用其他命令所提供的信息，可以使用反单引号(`)—Esc 键下面的那个键，或者 $(命令)，比如查看内核版本的设置：

```
[scavc@localhost~]$ version=$(uname -r)
[scavc@localhost~]$ echo $version
3.10.0-1160.el7.x86_64
```

- 若为变量追加内容时，可以用"$变量"或 ${变量} 追加内容，比如：

```
PATH="$PATH":/home/bin 或 PATH=${PATH}:/home/bin
```

- 若该变量需要在其他子进程执行，则需要以 export 来使变量变成环境变量：

```
export PATH
```

那么什么是子进程？就是在目前这个 Shell 环境下，去启动另一个新的 Shell，新的那个 Shell 就是子进程。在一般情况下，父进程的自定义变量是无法在子进程内使用的，但通过 export 将变量变成环境变量后，就能够在子进程下使用。

- 通常大写字符为系统默认变量，自行设置的变量可以使用小写字符，方便判断，比如：MAIL、PATH 等为系统默认变量，myname 为用户自行定义的变量。
- 取消变量的命令是 unset，比如取消 myname 的设置：

```
unset myname
```

5.2.5 Shell 的变量键盘读取、数组、声明和第一个脚本程序

我们上面提到的变量设置功能都是通过命令行直接设置的，那么可不可以让用户通过键盘输入变量内容？类似我们使用某些程序过程中，会等待用户输入“yes/no”之类的信息，在 bash 中提供了相应的功能。此外，bash 还允许定义变量的属性，比如数字或数组等，下面列出相应的命令说明。

(1) read

要读取来自键盘输入的变量，可以使用 read 命令。这个命令常用在 Shell 脚本程序与用户的交互中，下面列出 read 的相关语法：

```
[scavc@localhost~]$ read[ - pt] variable
```

选项与参数：

- p:后面可以接提示符。

- t:后面可以接等待的秒数，在规定的时间内等待用户输入信息。

例 5-1：让使用者用键盘输入内容，将该内容变成名为 test 的变量。

```
[scavc@localhost~]$ readtest
This is a test variable      #此时光标会等待你输入，输入完后按 Enter 键
[scavc@localhost~]$ echo ${test}
This is a test variable      #刚才输入的信息变成变量的数据
```

例 5-2：提示使用者 30 秒内输入自己的姓名，将该输入字符作为变量 name 的数据。

```
[scavc@localhost~]$ read -p "Please input your name within 30 seconds:" -t 30 name
Please input your name within 30 seconds: scavc      #此时会等待用户 30 秒输入信息
[scavc@localhost~]$ echo ${name}
scavc     #如果 30 秒内没有输入信息，则变量的内容为空值
```

read 之后不加任何参数，直接加变量名称，那么下面会主动出现一个空白行等待用户输入(如例 5-1)。如果加上-t 秒数后(如例 5-2)，那么 30 秒内没有任何操作，该命令就会被自动略过，如果加上-p，在输入的光标前就会显示我们设计的提示字符。

(2) declare 和 typeset

声明变量的类型可以用 declare 和 typeset。如果使用 declare 后面并没有接任何参数，那么 bash 会主动将所有的变量名称与内容显示出来，与使用 set 一样。下面列出 declare 相关语法：

```
[scavc@localhost~]$ declare[-aixr] variable
```

选项与参数：

-a：将后面名为 variable 的变量定义成为数组(array)类型。

-i：将后面名为 variable 的变量定义成为整数(integer)类型。

-x：用法与 export 一样，就是将后面的 variable 变成环境变量。

-r：将变量设置成为 readonly 类型，该变量不可被更改内容，也不能 unset。

例 5-3： 让变量 sum 计算 100+300+50 的和。

```
[scavc@localhost~]$ sum=100+300+50
[scavc@localhost~]$ echo ${sum}
100+300+50      #没有看错，显示信息并不是求和结果，这是因为变量默认是文字属性
[scavc@localhost~]$ declare -isum=100+300+50
[scavc@localhost~]$ echo ${sum}
450     #显示结果就是三个数的和
```

由于在默认情况下，bash 对于变量有几个基本的定义：

① 变量类型默认为字符串，所以若不指定变量类型，则 1+2 为一个字符串，而不是计算式，所以上述第一个执行结果才会出现那种情况；

② bash 环境中的数值运算，默认仅能达到整数形式，所以 1/3 结果是 0。

例 5-4： 将 sum 变成环境变量。

```
[scavc@localhost~]$ declare -x sum
[scavc@localhost~]$ export | grep sum
declare -ix sum="450"     #结果可以看出，sum 包含有 i 与 x 的定义
```

例 5-5： 让 sum 变成只读属性，不可修改。

```
[scavc@localhost~]$ declare -r sum
[scavc@localhost~]$ sum=testing
bash: sum:readonlyvariable     #提示变量 sum 只能读取
```

例 5-6： 让 sum 变成非环境变量的自定义变量。

```
[scavc@localhost ~]$ declare +x sum     #将-变成+可以进行"取消"操作
[scavc@localhost ~]$ declare -p sum     #-p 可以单独列出变量的类型
declare -ir sum="450"     #提示变量 sum 只剩下 i、r 的定义，不具有 x
```

declare 是很有用的功能，特别是在使用数组功能时，它可以帮我们声明数组属性。不过需要注意的是，如果将变量设置为只读，通常要注销再登录才能恢复该变量的类型。

(3) array

某些时候，必须使用数组声明一些变量来高效管理一组相关内容的变量。在 bash 中，数组的设置方式如下：

```
arr[index]=content
```

意思是，我们有一个数组名为 arr，而这个数组的内容为 arr[1]=小明，arr[2]=小红，arr[3]=小张等，那个 index 就是一组数字，称之为索引，数字从 0 开始，重点是用中括号[ ]来

设置。bash 提供的是一维数组，并且数组与后面的知识（如循环或判断式）有更多的配合。

例 5－7：设置刚才提到的 arr[1]、arr[2]等变量。

```
[scavc@localhost ～]$ arr[1] = 小明
[scavc@localhost ～]$ arr[2] = 小红
[scavc@localhost ～]$ arr[2] = 小张
[scavc@localhost～]$ echo "${arr[1]},${arr[2]},${arr[3]}"
小明,小红,小张
```

数组的变量类型重点在于读取，一般来说，建议直接以 ${数组}的方式读取。

（4）编写第一个 Shell 脚本

Shell 脚本其实就是纯文本文件，可以编辑这个文件，然后让这个文件来帮我们一次执行多个命令，或是利用一些运算与逻辑判断帮我们完成某些功能。所以，编辑这个文件的内容时，需要具备 bash 命令的相关知识，在编写中需要注意以下几点：

① 命令是从上到下、从左到右分析与执行的；

② 命令、选项与参数的多个空格都会被忽略掉；

③ 空白行也会被忽略掉，并且 Tab 键产生的空白同样视为空格键；

④ 如果读取到一个 Enter 键入（CR），就尝试开始执行命令；

⑤ 如果一行命令太长，则可以使用\Enter 来扩展至下一行；

⑥ ＃号可作为注释，任何加在＃号后面的数据将全部被视为注释文字而不被执行。

假设我们编写的程序文件名为/home/scavc/shell. sh，执行这个文件有以下几种方法：

① 直接命令执行：shell. sh 文件必须具备可读与可执行（rx）的权限，绝对路径方法，使用/home/scavc/shell. sh 来执行命令；相对路径方法，假设工作目录在/home/scavc/，则使用. /shell. sh 来执行；

② 变量 PATH 功能：将 shell. sh 放在 PATH 指定的目录内，例如～/bin/，然后以 bash 程序来执行，使用 bash shell. sh 或 sh sheel. sh 来执行。

由于 CentOS 默认用户家目录下的～/bin 目录会被设置到 ${PATH}内，所以可以将 shell. sh 建立在/home/scavc/bin/下面，此时，若 shell. sh 在～/bin 内且具有 rx 的权限，那么直接输入 shell. sh 即可执行该脚本程序。

使用 sh shell. sh 执行的原理是，告诉系统用户想要直接以 bash 的功能来执行 shell. sh 这个文件内的相关命令。所以此时 shell. sh 只要有 r 的权限即可被执行，而我们也可以利用 sh 的参数（如－n 和－x）来检查与跟踪 shell. sh 的语法是否正确。

此时可以正式开始编辑 Shell 脚本程序了，程序设计有一个传统，凡是学习第一个程序都是由显示"Hello World!"开始，那么下面这段脚本就可以完成这一功能：

```
❶[scavc@localhost～]$ mkdirbin;cd bin
❷[scavc@localhostbin]$  vim hello.sh
❸#! /bin/bash
 #Program:
 #     This program shows "Hello World!" in your screen.
 #2021/3/5    scavc    first release
❹PATH = /bin:/sbin:/usr/bin:/usr/sbin:/usr/local/bin:/usr/local/sbin:～/bin
```

```
export PATH
❺echo -e "Hello World! \a\n"
❻exit 0
```

本章编写的脚本都放置在家目录的~/bin内，方便管理。在❶处，用mkdir命令创建一个空文件夹bin，然后打开它。在❷处，使用vim创建一个名为hello的Shell脚本文件并打开进入编辑。

因为我们使用的是bash，在vim的编辑模式中，必须要以#！/bin/bash来声明这个文件内使用bash的语法（见❸处）。这样以#！开头的行被称为shebang行。那么当这个程序执行时，它就能加载bash的相关环境配置文件，并且执行bash解释下面的命令。在很多错误的情况中，如果没有设置好这一行，程序很可能无法执行，因为系统可能无法判断该程序需要使用什么Shell来执行。

整个脚本当中，除了第一行的#！是用来声明Shell用哪个解释器来执行脚本之外，其他的#都是注释。从第❸处以下就是用来说明整个程序的基本信息。一般来说，我们要养成编写脚本基本信息的习惯，在每一个脚本文件中体现：内容与功能、版本信息、作者与联系方式、创建日期、历史记录等。这样有助于未来程序的改写与调试。

接下来需要将一些重要的环境变量设置好，PATH与LANG（如果有使用到输出相关的信息时）是当中最重要的，设置好后（见❹处），程序在进行时可以直接执行一些外部指令，而不必写绝对路径。

此脚本的主要程序部分，即让显示器显示“Hello World!”的语句就在第❺处，使用的是echo命令将字符串打印到显示器上，参数-e是激活转义字符，\a是在执行时发出警报声，\n是打印完成后换行并将光标移至行首。

在第❻处，利用exit命令来让程序终止，并且返回一个数值给系统，即exit 0，所以在执行完这个脚本后，可以执行echo $？来验证命令是否执行成功。

最后，来执行下这个脚本，看看效果，通过执行以下命令：

```
[scavc@localhost~]$ shhello.sh
Hello World!
```

你会在屏幕上看到“Hello World!”的字样，并且会听到“叮”的一声。至此，我们的第一个Shell脚本程序就成功地完成了。

5.2.6 Shell 脚本跟踪与调试

脚本文件在执行之前，最怕的就是出现语法错误。那么该如何调试呢？有没有办法不需要通过直接执行脚本文件就可以判断是否有问题？答案是肯定的，可以用bash的相关参数进行判断。代码如下。

```
[scavc@localhost~]$ sh [-nvx] scripts.sh
```

选项与参数：

-n：不要执行脚本，仅查询语法的问题。

-v：在执行脚本前，先将脚本文件的内容输出到屏幕上。

-x：将使用到的脚本内容显示到屏幕上。

例 5－8：测试 hello. sh 有无语法错误。

```
[scavc@localhost~]$ sh -nhello.sh
#若没有语法问题,则不会显示任何信息
#删除一个双引号后,则会出现类似提示信息
[scavc@localhost~]$ sh -nhello.sh
hello.sh:行 7:寻找匹配的" "时遇到了未预期的文件结束符
hello.sh:行 10:语法错误:未预期的文件结尾
```

例 5－9：将 hello. sh 的执行过程全部列出来。

```
[scavc@localhost~]$ sh -x hello.sh
+ PATH=/bin:/sbin:/usr/bin:/usr/sbin:/usr/local/bin:/usr/local/sbin:/home/scavc/bin
+ export PATH
+ echo -e 'Hello World! \a\n'
Hello World!

+ exit 0
```

在输出的信息中，加号（+）后面的数据其实都是命令串，由于 sh -x 的方式将命令执行过程也显示出来，这样用户就可以判断程序代码执行到哪一段时会出现相关的信息。通过显示完整的命令串，你就能够依据输出的错误信息来修正脚本，这个功能用来查错非常好用。

5.3　判断式

我们提到过 $？这个变量存储命令是否执行成功的信息，此外，也通过 && 和｜｜来作为前一个命令执行返回值对于后一个命令是否要进行的依据，但是否有更简单的方法进行“条件判断”呢？答案是有的，那就是“test”命令。

5.3.1　利用 test 命令的测试功能

当我们要检测系统上面某文件或者相关的属性时，利用 test 命令非常高效。举例来说，我们要检查/scavc 是否存在时，使用：

```
[scavc@localhost~]$ test -e /scavc
```

执行结果并不会显示任何信息，但最后我们可以通过 $？或 && 和｜｜来展示整个效果，比如将上面例子改为：

```
[scavc@localhost~]$ test -e /scavc&&echo" exist" || echo "Not exist"
Notexist
```

最终结果可以告知我们/scavc 文件不存在，显示信息为 Notexist。实际上，参数－e 是测试一个“东西”在不在。如果还想测试下该文件名其他信息，还有以下参数（见表 5－7）。

表 5-7 测试参数

测试参数	代表意义
1. 关于某个文件名的文件类型判断,如 test -e filename 表示是否存在	
-e	该“文件名”是否存在(常用)
-f	该“文件名”是否存在且为文件(file)(常用)
-d	该“文件名”是否存在且为目录(directory)(常用)
-b	该“文件名”是否存在且为一个 blockdevice 设备
-c	该“文件名”是否存在且为一个 characterdevice 设备
-S	该“文件名”是否存在且为一个 socket 文件
-p	该“文件名”是否存在且为一个 FIFO(pipe)文件
-L	该“文件名”是否存在且为一个链接文件
2. 关于文件的权限检测,如 test -r filename 表示是否可读(root 权限常有例外)	
-r	检测该“文件名”是否存在且具有“可读“的权限
-w	检测该“文件名”是否存在且具有“可写”的权限
-x	检测该“文件名”是否存在且具有“可执行”的权限
-u	检测该“文件名”是否存在且具有“SUID”的属性
-g	检测该“文件名”是否存在且具有“SGID”的属性
-k	检测该“文件名”是否存在且具有“Stickybit”的属性
-s	检测该“文件名”是否存在且为“非空文件”
3. 两个文件之间的比较,如 test file1 -nt file2	
-nt	(newer than)判断 file1 是否比 file2 新
-ot	(older than)判断 file1 是否比 file2 旧
-ef	判断 file1 与 file2 是否为同一文件,可用在 hardlink 的判定上,主要意义在判定,两个文件是否均指向同一个 inode
4. 关于两个整数之间的判定,如 test n1 -eq n2	
-eq	两数值相等(equal)
-ne	两数值不等(not equal)
-gt	n1 大于 n2(greater than)
-lt	n1 小于 n2(less than)
-ge	n1 大于等于 n2(greater than or equal)
-le	n1 小于等于 n2(less than or equal)
5. 判定字符串的数据	
test -z string	判定字符串是否为 0? 若 string 为空字符串,则为 true
test -n string	判定字符串是否不为 0? 若 string 为空字符串,则为 false 注:-n 可省略
test str1= =str2	判定 str1 是否等于 str2,若相等,则返回 true
test str1! =str2	判定 str1 是否不等于 str2,若相等,则返回 false

续表 5-7

测试参数	代表意义
6. 多重条件判定，例如：test -r filename -a -x filename	
-a	(and)两条件同时成立，例如 test -r file -a -x file，则 file 同时具有 r 与 x 权限时，才返回 true
-o	(or)两条件任何一个成立，例如 test -r file -o -x file，则 file 具有 r 或 x 权限时，就返回 true
!	反相状态，如 test! -x file，当 file 不具有 x 时，返回 true

现在使用 test 来写几个例子。首先，让用户输入一个文件名，判断如下：

① 这个文件是否存在，若不存在则给予一个“Filename does not exist”的信息，并中断程序；

② 若这个文件存在，则判断它是个文件或目录，结果输出“Filename is a file”或“Filename is a directory”；

③ 判断一下，执行者的身份对这个文件或目录所拥有的权限，并输出权限数据。

```
[scavc@localhost bin]$ vimfile_info.sh      #在之前创建的 bin 文件夹下创建脚本

#! /bin/bash
#Program:
#     User input a filename, program will check the flowing:
#     (1)exist? (2)file/directory? (3)file permissions
#History:
#2021/3/5     scavcfirst release
PATH=/bin:/sbin:/usr/bin:/usr/sbin:/usr/local/bin:/usr/local/sbin:~/bin
export PATH
#1.让使用者输入文件名，并且判断使用者是否真的有输入字符
echo -e "Please input a filename, it will check the file's type and permission. \n"
read -p "Input a filename: " filename
test -z ${filename} && echo "You MUST input a filename." && exit 0
#2.判断文件是否存在？若不存在则显示信息并结束脚本
test ! -e ${filename} && echo "The filename '${filename}' DO NOT exist" && exit 0
#3.开始判断文件类型与属性
test -f ${filename} && filetype="file"
test -d ${filename} && filetype="directory"
test -r ${filename} && permission="readable"
test -w ${filename} && permission="${permission} writable"
test -x ${filename} && permission="${permission} executable"
#4.开始输出信息
echo "The filename: ${filename} is a ${filetype}"
echo "And the permissions for you are: ${permission}"
```

执行这个脚本后，它会根据你输入的文件名来进行检查，先看是否存在，再看文件或目录类型，最后判断权限。但需要注意的是，因为 root 在很多权限的限制上面是无效的，所以使用 root 执行这个脚本时，常常会发现与 ls -l 观察到的结果并不相同。所以建议用一般用户测试

此脚本。运行结果类似图 5－7。

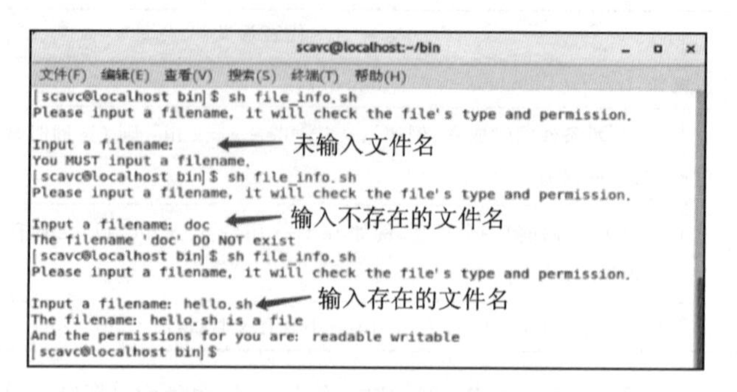

图 5－7　file_info.sh 脚本执行结果

5.3.2　判断符号[ ]

除了使用 test 外，其实，还可以利用[ ]（一对中括号）来进行数据的判断。举例来说，如果我们想知道 ${HOME} 这个变量是否为空，可以这样做：

```
[scavc@localhostbin]$[ -z "${HOME}" ]; echo $?
1      #显示 1 为非空，0 为空
```

因为中括号用在很多地方，比如通配符与正则表达式等，所以如果在 bash 的语法中使用中括号作为 Shell 的判断式时，需要特别注意的是，中括号的两端需要有空格符来分隔。假设空格键使用␣符号来表示，在这些地方都需要有空格：

```
[␣"$HOME"␣==␣"$MAIL"␣]
```

此处使用两个等号＝＝，其实在 bash 中一个等号与两个等号结果一样，只不过在程序设计中，一个等号代表"赋值"，两个等号代表"是否逻辑相等"，由于 bash 中括号内重点在于"判断"而非"设置变量"，所以我们推荐使用两个等号。

上面的例子判断两个字符串 ${HOME} 和 ${MAIL} 是否相同，相当于 test ${HOME} ＝＝ ${MAIL}。如果没有空格分隔，例如[${HOME}＝＝${MAIL}]，bash 会显示错误信息，所以需要注意的是：

- 在中括号内的每个组件都需要有空格来分隔；
- 在中括号内的变量，最好都以双引号括起来；
- 在中括号内的常数，最好都以单引号或双引号括起来。

举例来说，假如我们设置了 name＝"SC avc"，然后这样判断：

```
[scavc@localhostbin]$ name = "SC avc"
[scavc@localhostbin]$[ ${name} == "SC" ]
bash: [: too many arguments]
```

bash 提示的错误信息是"太多参数(too many arguments)"，这是因为 ${name} 如果没有用双引号括起来，那么上面的判断式会变成：

```
[ SC avc == "SC" ]
```

上面的表达式明显出错了，因为一个判断式仅能有两个数据对比，上面 SC 和 avc 还有"SC"就有 3 个数据，而我们想要的应该是下面这样：

```
["SC avc" == "SC" ]
```

另外，中括号的使用方法与 test 几乎一模一样，只是中括号比较常用在条件判断式 if…then…fi 的情况中。下面我们用中括号的判断式来做一个案例，案例设置如下：

① 当执行一个程序时，这个程序会让用户选择 Y 或 N；

② 如果用户输入 Y 或 y 时，就显示"Yse，continue"；

③ 如果用户输入 N 或 n 时，就显示"No，stop"；

④ 如果是 Y/y 或 N/n 之外的其他字符，就显示"I don't know what your choice is"。

```
[scavc@localhost bin]$ vim ans_yn.sh      #在之前创建的 bin 文件夹下创建脚本


#! /bin/bash
#Program:
#      This program shows the user's choice
#History:
#2021/3/5     scavc     first release
PATH=/bin:/sbin:/usr/bin:/usr/sbin:/usr/local/bin:/usr/local/sbin:~/bin
export PATH
read -p "Please input (Y/N): " yn
❶[ "${yn}" == "Y" -o "${yn}" == "y" ]&& echo "Yes, continue" && exit 0
[ "${yn}" == "N" -o "${yn}" == "n" ]&& echo "No, stop" && exit 0
echo "I don't know what your choice is" && exit 0
```

由于输入正确"Yes"的方法有大小写之分，不论输入大写 Y 或小写 y 都是可以的，此时判断式内就得要有两个判断才行。由于是任意一个判断成立即可(大写或小写)，所以这里使用 -o(逻辑或)连接两个判断(见❶处)。利用这个字符串的判断方法可以让脚本程序向既定的分支发展下去。

5.4 条件判断式

只要讲到程序，那么条件判断式，即"if then"这种判断的学习就必不可少。因为很多时候，我们都必须根据某些数据来判断程序该如何进行。举例来说，上一节的案例 ans_yn.sh 展示输入不同信息执行相应的输出信息功能，我们使用到 && 与||，但如果根据输入进入不同分支后还需要执行数条命令，就可以用 if then 来实现。

5.4.1 if 语句

if…then 是最常见的条件判断式。当符合某个条件判断的时候，就进行某项任务。这个 if…then 的判断还可以嵌套，下面一一介绍。

1. 单层、简单条件判断式

如果你只有一个判断式要进行，可以这样写：

```
if [条件判断式]; then
当条件判断式成立时,可以进行的命令书写在此;
fi    #将 if 反过来写,表示 if 代码块结束
```

至于条件判断式的判断方法,与前一小节的介绍相同。特别的是,当有多个条件要判断时,除了 ans_yn. sh 案例所写的方法,即“将多个条件写入一个中括号内的情况”之外,还可以用多个中括号隔开,而中括号之间,用 && 或||分隔,它们的含义是:

- && 代表 AND(逻辑与)
- ||代表 OR(逻辑或)

所以,在使用中括号的判断式中,&& 和||就与命令执行的状态不同了。举例来说,ans_yn. sh 里面的判断式可以这样修改:

```
[ "${yn}" == "Y" -o "${yn}" == "y" ]    #改为以下形式
[ "${yn}" == "Y" ]|| [ "${yn}" == "y" ]
```

这样改仅是因为有些人习惯一个中括号仅有一个判断式。接下来将 ans_yn. sh 这个脚本修改成为 if…then 的样式:

```
[scavc@localhost bin]$ cp ans_yn.sh ans_yn2.sh    #将原文件复制成一个新文件修改
[scavc@localhostbin]$  vim ans_yn2.sh


#! /bin/bash
#Program:
#     This program shows the user's choiceusing if then
#History:
#2021/3/5     scavc     first release
PATH=/bin:/sbin:/usr/bin:/usr/sbin:/usr/local/bin:/usr/local/sbin:~/bin
export PATH
read -p "Please input (Y/N): " yn
if [ "${yn}" == "Y" ] || [ "${yn}" == "y" ]; then
        echo"Yes, continue"
    exit 0
fi
if [ "${yn}" == "N" ] || [ "${yn}" == "n" ]; then
        echoecho "No, stop"
    exit 0
fi
echo "I don't know what your choice is" && exit 0
```

从修改结果来看,似乎还是原来的 ans_yn. sh 代码比较简洁,但从逻辑概念来看,上面的例子中,仅有一个 ${yn}变量,但使用了两个条件判断,因此,多重条件判断就可以解决这个问题。

2. 多重、复杂条件判断式

针对上面的 ans_yn2. sh 脚本,我们只想执行一次 ${yn}判断(仅执行一次 if),那么 if 还提供了下面的语法:

```
#一个条件判断,分成功执行与失败执行(else)
if [条件判断式 ]; then
当条件判断式成立时,可执行的命令
else
当条件判断式不成立时,可执行的命令
fi
```

如果有更复杂的情况,比如 if 中还有 if,则可以使用以下语法:

```
#多个条件判断(if…elif…elif…else)分多种不同情况执行。
if [ 条件判断式一 ]; then
当条件判断式一成立时,可执行的命令
elif [条件判断式二 ]; then
但条件判断式二成立时,可执行的命令
else
当条件判断式一、二都不成立时,可执行的命令
fi
```

需要注意的是,elif 也是一个判断式,因此 elif 后面都要接 then。但是 else 已经是最后所有判断式没有成立的结果,因此后面没有 then。结下来我们继续改进 ans_yn2.sh:

```
[scavc@localhostbin]$ cp ans_yn2.sh ans_yn3.sh
[scavc@localhostbin]$ vim ans_yn3.sh
```

```
#! /bin/bash
#Program:
#    This program shows the user's choiceusing if…elif…else
#History:
#2021/3/5    scavc    first release
PATH=/bin:/sbin:/usr/bin:/usr/sbin:/usr/local/bin:/usr/local/sbin:~/bin
export PATH
read -p "Please input (Y/N): " yn
if [ "${yn}" == "Y" ] || [ "${yn}" == "y" ]; then
    echo"Yes, continue"
elif [ "${yn}" == "N" ] || [ "${yn}" == "n" ]; then
    echoecho "No, stop"
else
    echo "I don't know what your choice is"
fi
exit 0
```

现在程序变得简单了,而且依序判断,可以避免重复判断的状况。

5.4.2 case 语句

之前提到的 if…then 对于变量的判断是以“对比”的方式来分辨的,如果符合状态就进行某些操作,并且通过较多层次(elif)的方式来进行多个变量的程序代码编写。如果我们有多个

既定的变量内容，比如上面的例子 ans_yn3. sh，判断内容始终是'Y'、'y'、'N'、'n'4 个数据，那么只要针对这几个变量来设置状态就好了，也就是 case 语句，语法如下：

```
case $变量名 in      #变量前需要加美元符号
    "第一个变量内容")      #右括号)为关键字
    程序段
        ;;      #每个类别结尾使用两个连续的分号表示
    "第二个变量内容")
    程序段
        ;;
    *)      #最后一个变量内容用星号*代表所有其他值，即不是第一个或第二个变量
    exit 1
        ;;
esac      #case 反过来写
```

需要注意的是，这个语法是以 case 开头，esac 结尾。每个变量内容的程序段最后需要用两个分号(;;)来代表该程序段结束。星号*可以理解为默认情况，如果变量与任何列举的内容都不匹配，则执行星号部分。

列举一个程序：让用户能够输入 one、two、three，并将用户的变量显示到屏幕上，如果不是 one、two、three，则告知用户仅这三种选择。

```
[scavc@localhostbin]$ vim show123.sh

#! /bin/bash
#Program:
#This script only accepts the flowing parameter: one, two or three.
#History:
#2021/3/5     scavc     first release
PATH=/bin:/sbin:/usr/bin:/usr/sbin:/usr/local/bin:/usr/local/sbin:~/bin
export PATH
echo "This program will print your selection!"
read -p "Please input your choice: " choice
case ${choice} in
    "one")
        echo"Your choice is ONE"
        ;;
    "two")
        echo"Your choice is TWO"
        ;;
    "three")
        echo"Your choice is THREE"
    *)
        echo"only accept one, two or three"
    ;;
esac
```

此时，当输入 one、two 或者 three 时，就可以得到相应的输出。

5.5 循环结构

除了 if…then 这种条件判断式之外，循环也是程序设计中一种重要的控制流程。循环可以不断地执行某个程序段落，直到用户设置的条件完成为止。除了这种依据判断式完成与否的不定循环外，还有另一种已经固定跑多少次的循环状态，可称为固定循环状态。

5.5.1 while do done 和 until do done(不定循环)

一般来说，不定循环最常见的是下面两种状态：

```
while [ condition ]      #中括号内是判断式
do      #do 是循环的开始
    程序段落
done      #done 是循环的结束
```

while 的中文是"当…时"，所以这种方式说的是"当 condition 条件成立时，就进行循环，直到 condition 的条件不成立才停止"的意思，还有另外一种不定循环的方式：

```
until[ condition ]
do
    程序段落
done
```

这种方式与 while 相反，它说的是"当 condition 条件成立时，就终止循环，否则就持续进行循环的程序段"。下面举例 while 的一个练习。假设要让用户输入 yes 或 YES 才结束程序的执行，否则就一直告诉用户输入字符串。代码如下：

```
[scavc@localhostbin]$ vim yes_to_stop.sh


#! /bin/bash
#Program:
#      Repeat questions until user input correct answer.
#History:
#2021/3/8      scarce      first release
PATH=/bin:/sbin:/usr/bin:/usr/sbin:/usr/local/bin:/usr/local/sbin:~/bin
export PATH
while [ "${yn}" != "yes" -a "${yn}" != "YES" ]
do
read -p "Please input yes/YES to stop this program: " yn
done
echo "OK, you input the correct answer."
```

上面这个例子中，当 ${yn}这个变量不是"yes"也不是"YES"时，才进行循环内的程序，如果 ${yn}这个变量是"yes"或者"YES"时，循环就会退出。那么 until 的区别呢，相同的运行逻辑，代码可以这样写：

```
[scavc@localhostbin]$ vimyes_to_stop2.sh

#! /bin/bash
#Program:
#      Repeat questions until user input correct answer.
#History:
#2021/3/8     scarce     first release
PATH = /bin:/sbin:/usr/bin:/usr/sbin:/usr/local/bin:/usr/local/sbin:~/bin
export PATH
until[ "${yn}" == "yes" -o "${yn}" == "YES" ]     #区别在这一行
do
read -p "Please input yes/YES to stop this program: " yn
done
echo "OK, you input the correct answer."
```

可以仔细对比两个脚本程序的区别。我们利用循环试着计算 1+2+3+…+100 的结果。代码如下：

```
[scavc@localhostbin]$ vim cal_1_100.sh

#! /bin/bash
#Program:
#      Use loop to calculate the result of 1 to 100
#History:
#2021/3/8     scarce     first release
PATH = /bin:/sbin:/usr/bin:/usr/sbin:/usr/local/bin:/usr/local/sbin:~/bin
export PATH
sum = 0   #存储每次循环累加的结果
i = 0     #计数器
while [ "${i}" != "100" ]
do
i = $(($i+1))     #i 自增 1
    sum = $(($sum + $i))
done
echo "The result of '1 + 2 + 3... + 100' is $sum"
```

当执行脚本后，可以得出结果 5050。

5.5.2 for do done 语句(固定循环)

相对于 while、until 的循环方式是必须要"符合某个条件"，而 for 这种循环方式则是"已经知道要循环几次"，它的语法如下：

```
for var in con1 con2 con3…
do
    程序段
done
```

其中 $ var 的变量内容在循环工作时：

① 第一次循环时，$ var 的内容为 con1；

② 第二次循环时，$ var 的内容为 con2；

③ 第三次循环时，$ var 的内容为 con3；

④ …

下面用 for 循环举一个例子，假设有三种动物，分别是 dog、cat、elephant，我想每一行都这样输出："There are dogs"，"There are cats"之类的字符串，代码如下：

```
[scavc@localhostbin]$ vim show_animal.sh

#! /bin/bash
#Program:
#     Using for loop to print 3 animals
#History:
#2021/3/8     scarce      first release
PATH=/bin:/sbin:/usr/bin:/usr/sbin:/usr/local/bin:/usr/local/sbin:~/bin
export PATH
for animal in dog cat elephant
do
    echo "There are ${animal}s"
done
```

执行上述脚本后，可以看到屏幕打印了 3 条语句。

5.5.3 for do done 的数值处理

除了上述方法外，for 循环还有另外一种写法，语法如下：

```
for (( 初始值; 限制值; 赋值运算))
do
    程序段
done
```

这种语法适用于数值方面的运算，for 后面括号内的三串内容意义为：

① 初始值：某个变量在循环当中的起始值，直接以类似 i=1 设置好；

② 限制值：当变量的值在这个限制的范围内，就继续进行循环，例如 i≤100；

③ 赋值运算：每做一次循环时，变量也变化，例如 i=i+1。

需要注意的是，在"赋值运算"的设置上，如果每次增加 1，则可以使用类似 i++的方式，即 i 每次循环都会增加 1 的意思。设计一个脚本进行从 1 累加到用户输入的数值的循环，代码如下：

```
[scavc@localhostbin]$ vim cal_1_100-2.sh

#! /bin/bash
#Program:
#     Try to calculate 1+2+...+${your_input}
```

```
#History:
#2021/3/8     scarce     first release
PATH=/bin:/sbin:/usr/bin:/usr/sbin:/usr/local/bin:/usr/local/sbin:~/bin
export PATH
read -p "Please input a number, it will count from 1 to the number: " num
sum=0
for (( i=1; i<=${num}; i++ ))
do
    sum=$((${sum}+${i}))
done
echo "The result of '1+2+...+${num}' is ${sum}"
```

运行后,可以任意输入一个整数,for 循环的次数由输入的数值决定。

5.6 函　数

什么是函数(function)? 简单地说,函数可以在 Shell 脚本中做出一个类似自定义执行命令的机制,最大的功能是可以简化我们的程序代码。举例来说,在第 5.4.2 case 语句章节我们编写过一个脚本 show123.sh,每当输入 one、two、three 时,其实输出的内容非常类似,那么我们就可以用 function 来简化代码,function 的语法如下:

```
function fname(){
程序段
}
```

fname 就是我们自定义的函数名,而程序段就是我们要它执行的内容。需要注意的是,因为 Shell 脚本的执行方式是从上向下、从左向右,因此在 Shell 脚本当中的 function 的设置一定要在程序的最前面,这样才能够在执行时找到可用的程序段(与传统程序设计语言有差别)。那么我们将 show123.sh 用函数改写,自定义一个名为 printChoice 的函数来使用,代码如下:

```
[scavc@localhostbin]$ vim show123-2.sh

#!/bin/bash
#Program:
#     This script only accepts the flowing parameter: one, two or three.
#     Using function
#History:
#2021/3/8     scavc     first release
PATH=/bin:/sbin:/usr/bin:/usr/sbin:/usr/local/bin:/usr/local/sbin:~/bin
export PATH
function printChoice(){
echo -n "Your choice is "     # -n 可以不换行继续在同一行显示
}
echo "This program will print your selection!"
read -p "Please input your choice: " choice
```

```
case ${choice} in
    "one")
        printChoice; echo ${choice} | tr 'a-z''A-Z'      #将参数作大小写转换
        ;;
    "two")
        printChoice; echo ${choice} | tr 'a-z''A-Z'
        ;;
    "three")
        printChoice; echo ${choice} | tr 'a-z''A-Z'
    *)
        echo"only accept one, two or three"
    ;;
esac
```

上面的例子中,我们设置了一个名为 printChoice 的函数,在后续的程序里面只要执行 printChoice,就表示 Shell 脚本要去执行函数里面的程序段,即 echo -n "Your choice is "这段代码。

5.7 Shell 脚本的应用

现在你大概已经能够掌握 Shell 脚本了,那么我们就来做一个比较复杂的实验。假设在学校里,经常为了今天中午要吃什么而纠结,每次都需要猜拳,这样好麻烦,不如写一个脚本,用脚本搭配随机数来告诉我们今天中午吃什么?执行这个脚本后,脚本会告诉你今天中午吃什么。

要完成这个任务,首先要将全部的食物输入到一组数组中,再通过随机数的处理,去获取可能的数值,最后将搭配到是该数值的食物显示即可。代码设计如下:

```
[scavc@localhostbin]$ vim what_to_eat.sh

#! /bin/bash
#Program:
#      Try to tell you what you may eat
#History:
#2021/3/8      scarce      first release
PATH=/bin:/sbin:/usr/bin:/usr/sbin:/usr/local/bin:/usr/local/sbin:~/bin
export PATH
eat[1]="麻辣烫"
eat[2]="过桥米线"
eat[3]="冒菜"
eat[4]="火锅"
eat[5]="泡面"
eat[6]="煲仔饭"
eat[7]="油泼面"
eat[8]="汉堡"
eat[9]="炸鸡"
```

```
eatnum = 9
check = $(( ${RANDOM} * ${eatnum} / 32767 + 1 ))
echo "you may eat ${eat[${check}]}"
```

现在可以执行看看，今天中午吃什么。不过，这个例子中只选择了一个样本，太少。如果想要每次都显示 3 种食物，而且选出来的食物不能重复，可以进行如下改进：

```
[scavc@localhostbin]$ vim what_to_eat-2.sh


#! /bin/bash
#Program:
#     Try to tell you what you may eat
#History:
#2021/3/8     scarce     first release
PATH = /bin:/sbin:/usr/bin:/usr/sbin:/usr/local/bin:/usr/local/sbin:~/bin
export PATH
eat[1] = "麻辣烫"
eat[2] = "过桥米线"
eat[3] = "冒菜"
eat[4] = "火锅"
eat[5] = "泡面"
eat[6] = "煲仔饭"
eat[7] = "油泼面"
eat[8] = "汉堡"
eat[9] = "炸鸡"
eatnum = 9
eated = 0
while [ "${eated}" -lt3 ];
do
    check = $(( ${RANDOM} * ${eatnum} / 32767 + 1 ))
mycheck = 0
    if [ "${eated}" -ge1 ]; then
        for i in $(seq 1 ${eated})
        do
            if [ ${eatedcon[$i]} == $check ]; then
mycheck = 1
            fi
        done
    fi
    if [ ${mycheck} == 0 ]; then
        echo "you may eat ${eat[$check]}"
eated = $(( ${eated} + 1 ))
eatedcon[${eated}] = ${check}
    fi
done
```

通过随机数、数组、循环与条件判断，你可以做出很多有意思的程序。

5.8 思考与实验

1. 建立一个脚本，当你执行脚本的时候，该脚本可以显示：

(1) 你目前的身份(用 whoami)；

(2) 你目前所在的目录(用 pwd)。

2. 请自行编写一个程序，该程序可以用来计算“你还有几天可以过生日？”。

3. 让用户输入一个数字，程序可以由 1＋2＋3＋…一直加到用户输入的数字。

第 6 章

DHCP 服务和 DNS 服务

学习目标

- 了解 DHCP 服务器在网络中的作用和工作过程；
- 掌握 DHCP 服务器的基本配置方法；
- 掌握 DHCP 服务器客户端的基本配置与测试；
- 了解 DNS 域名结构；
- 掌握 DNS 域名解析过程和查询模式；
- 掌握 DNS 服务器的安装以及配置方法。

在 Linux 操作系统中，Samba 服务器、DHCP 服务器和 DNS 服务器是非常重要的服务器，在很多的实际应用场景中都有广泛的应用，掌握好这个 3 种服务器的安装和配置是非常必要的，其中 Samba 服务器是一种在局域网上共享文件和打印机的通信协议，为局域网内的不同计算机之间提供文件及打印机等资源的共享服务；DHCP 服务器可以很方便简洁地完成大批量客户端的 IP 地址等信息的部署，但前提是需要对整个网络进行规划，确定好网段的划分以及每个网段的设备数量等信息；DNS 服务器目的是将域名转换成 IP 地址，在部署网络时，需要将常用的域名和 IP 地址之间的映射关系添加到服务器中，使得局域网中的设备可以简单快捷地访问到互联网资源。本章围绕 DHCP 服务器和 DNS 服务器这两个服务器的配置，让大家掌握 Samba 服务器、DHCP 服务服务器和 DNS 服务器的工作原理以及配置方法。

6.1 Samba 服务器

Samba 是在 Linux 系统上实现 SMB(Server Messages Block，服务器消息块)协议的一个免费软件，由服务器及客户端程序构成，1987 年，微软公司和英特尔公司共同制定了 SMB 协议，旨在解决局域网内的文件或打印机等资源共享问题，这也使得在多个主机之间共享文件变得越来越简单。

6.1.1 SMB/CIFS 协议和 Samba 简介

SMB 协议是 Samba 服务中主要的通信协议，由客户机/服务器组成，客户机通过该协议可以访问服务器上的共享文件系统、打印机及其他资源。通过设置“NetBIOS over TCP/IP”，即将 NetBIOS 协议运行在 TCP/IP 之上，使用 NetBIOS 的名字解释功能让不同系统之间的主机可以相互识别，这使得 Samba 不但能与局域网络主机分享资源，还能与全世界的电脑分享资源。

另外，还有 CIFS(Common Internet File System，通用网络文件系统)，属于 Windows 主机之间共享的协议，是公共的或开放的 SMB 协议版本。SMB 协议在局域网上用于服务器文件访问和打印的协议。像 SMB 协议一样,CIFS 在高层运行,而不像 TCP/IP 协议那样运行在底层。CIFS 可以看成是应用程序协议(如文件传输协议和超文本传输协议)的一个实现。Samba 实现了这个协议,所以可以实现 Windows 与 Linux 之间的文件共享服务。

6.1.2 Samba 服务的安装和管理

在 Linux 操作系统中,Samba 服务默认是不安装的,Samba 服务程序的配置方法首先需要通过 yum 软件仓库来安装,如果系统为安装 yum 源,则首先需要完成 yum 源安装;若无输出表示未安装,此时需要通过配置 yum 源完成 DHCP 服务器软件包安装。

步骤 1:将 iso 镜像挂载到本地。

```
#mkdir  /mnt/cdrom                        //创建光驱挂载目录
#mount  /dev/cdrom  /mnt/cdrom            //挂载光驱
```

步骤 2:制作 yum 源。

```
cd /etc/yum.repos.d/
vimyrepo.repo
[myrepo]
name = myrepo
baseurl = file:///mnt/cdrom/
gpgcheck = 0
enabled = 1
```

添加上面内容后保存退出,确认本地 yum 源仓库配置妥当之后,就可以开始安装 Samba 服务程序了。

```
[root@centos~]# yum install samba
已加载插件:langpacks, product-id, search-disabled-repos, subscription-manager
This system is not registered with an entitlement server. You can use subscription-manager to register.
正在解决依赖关系
-->正在检查事务
-->软件包 samba.x86_64.0.4.6.2-8.el7 将被安装
-->解决依赖关系完成
………………………………..
安装  1 软件包
总下载量:633 k
安装大小:1.8 M
Is this ok [y/d/N]: y
Downloading packages:
Running transaction check
Running transaction test
Transaction test succeeded
Running transaction
正在安装    : samba-4.6.2-8.el7.x86_64          1/1
验证中      : samba-4.6.2-8.el7.x86_64          1/1
```

```
已安装:
    samba.x86_64 0:4.6.2-8.el7
完毕!
```

在安装完成后,Linux 和 Windows 之间还是不能实现通信,无法实现对应的功能,因此还需要正确地配置 Samba 服务器,在实现配置服务器之前还需要读懂 Samba 服务器配置文件,Samba 服务器配置文件的全部信息都保存在/etc/samba/smb.conf 文件下。具体信息如下:

```
[root@centos~]# cat /etc/samba/smb.conf
# See smb.conf.example for a more detailed config file or
# read the smb.confmanpage.
# Run 'testparm' to verify the config is correct after
# you modified it.
[global]
    workgroup = SAMBA
    security = user
    log file = /var/log/samba/log.%m
    passdb backend = tdbsam
    printing = cups
    printcap name = cups
    load printers = yes
    cups options = raw
[homes]
    comment = Home Directories
    valid users = %S, %D%w%S
    browseable = yes
    read only = yes
    inherit acls = Yes
[public]
        comment = Public Stuff
        path = /share
        public = yes
[printers]
    comment = All Printers
    path = /var/tmp
    printable = Yes
    create mask = 0600
    browseable = No
[print$]
    comment = Printer Drivers
    path = /var/lib/samba/drivers
    write list = root
    create mask = 0664
    directory mask = 0775
```

Samba 服务配置文件的详细信息及作用如表 6-1 所列。

表 6-1 Samba 服务程序中的参数以及作用

参　数	作　用
# See smb.conf.example for a more detailed config file or	注释信息
# read the smb.confmanpage	
# Run 'testparm' to verify the config is correct after	
# you modified it	
[global]	全局参数
workgroup = SAMBA	工作组名称
security = user	安全验证的方式，总共有 4 种
passdb backend = tdbsam	定义用户后台的类型，总共有 3 种
printing = cups	打印服务协议
printcap name = cups	打印服务名称
load printers = yes	是否加载打印机
cups options = raw	打印机的选项
[homes]	共享名称
comment = Home Directories	描述信息
valid users = %S, %D%w%S	可用账户
browseable = No	指定共享信息是否在“网上邻居”中可见
read only = No	是否只读
inherit acls = Yes	是否继承访问控制列表
[printers]	共享名称
comment = All Printers	描述信息
path = /var/tmp	共享路径
printable = Yes	是否可打印
create mask = 0600	文件权限
browseable = No	指定共享信息是否在“网上邻居”中可见
[print $]	共享名称
comment = Printer Drivers	描述信息
path = /var/lib/samba/drivers	共享路径
write list = @printadmin root	可写入文件的用户列表
force group = @printadmin	用户组列表
create mask = 0664	文件权限
directory mask = 0775	目录权限

上面代码中，security 参数代表用户登录 Samba 服务时的验证方式，总共有 4 种可用参数：“share”代表主机无须验证口令，相当于 vsftpd 服务的匿名公开访问模式，比较方便，但安全性很差；“user”代表登录 Samba 服务时需要使用账号密码进行验证，通过后才能获取文件，

这是默认的验证方式，最为常用；“domain”代表通过域控制器进行身份验证，限制用户的来源域；“server”代表使用独立主机验证来访用户提供的口令，相当于集中管理账号，并不常用。

6.1.3 Samba 服务器的配置

Samba 服务程序的主配置文件与前面学习过的 Apache 服务很相似，包括全局配置参数和区域配置参数。全局配置参数用于设置整体的资源共享环境，对里面的每一个独立的共享资源都有效。区域配置参数则用于设置单独的共享资源，且仅对该资源有效。创建共享资源的方法很简单，只要将表 6－2 中所列的参数写入到 Samba 服务程序的主配置文件中，然后重启服务即可。

表 6－2　用于设置 Samba 服务程序的参数以及作用

参　数	作　用
[database]	共享名称为 database
comment=Do not arbitrarily modify the database file	警告用户不要随意修改数据库
path=/home/database	共享目录为/home/database
public=no	关闭“所有人可见”
writable=yes	允许写入操作

步骤 1：创建用于访问共享资源的账户信息。在 CentOS 系统中，Samba 服务程序默认使用的是用户口令认证模式(user)。这种认证模式可以确保仅让有密码且受信任的用户访问共享资源，而且验证过程也十分简单。不过，只有建立账户信息数据库之后，才能使用用户口令认证模式。另外，Samba 服务程序的数据库要求账户必须在当前系统中已经存在，否则日后创建文件时将导致文件的权限属性混乱不堪，引发错误。

pdbedit 命令用于管理 Samba 服务程序的账户信息数据库，格式为：pdbedit 参数账户。

在第一次把账户信息写入到数据库时需要使用-a 参数，以后在执行修改密码、删除账户等操作时就不再需要该参数了。pdbedit 命令中使用的参数以及作用如表 6－3 所列。

表 6－3　用于 pdbedit 命令的参数以及作用

参　数	作　用	参　数	作　用
－a 用户名	建立 Samba 用户	－L	列出用户列表
－x 用户名	删除 Samba 用户	－Lv	列出用户详细信息的列表

```
[root@centos~]# id Linuxadmin
uid = 1004(Linuxadmin) gid = 1004(Linuxadmin) 组 = 1004(Linuxadmin)
[root@centos~]#pdbedit -a -u Linuxadmin
new password:
retype new password:
Unix username:            Linuxadmin
NT username:
```

```
Account Flags:          [U          ]
User SID:               S-1-5-21-4243027362-1139438704-3744842666-1000
Primary Group SID:      S-1-5-21-4243027362-1139438704-3744842666-513
Full Name:
Home Directory:         \\centos\Linuxadmin
HomeDir Drive:
Logon Script:
Profile Path:           \\centos\Linuxadmin\profile
Domain:                 CENTOS
Account desc:
Workstations:
Munged dial:
Logon time:             0
Logoff time:            三, 06 2月 2036 23:06:39 CST
Kickoff time:           三, 06 2月 2036 23:06:39 CST
Password last set:      一, 15 3月 2021 21:50:02 CST
Password can change:    一, 15 3月 2021 21:50:02 CST
Password must change: never
Last bad password      :0
Bad password count     :0
Logon hours            :FFFFFFFFFFFFFFFFFFFFFFFFFFFFFFFFFFFFFFFFFF
```

步骤 2:创建用于共享资源的文件目录。在创建时,不仅要考虑到文件读/写权限的问题,而且由于/home 目录是系统中普通用户的家目录,因此还需要考虑应用于该目录的 SELinux 安全上下文所带来的限制。在 Samba 的帮助手册中告诉用户正确的文件上下文值应该是 samba_share_t,所以只需要修改完毕后执行 restorecon 命令,就能让应用于目录的新 SELinux 安全上下文立即生效。

```
[root@centos~]# mkdir /home/database
[root@centos~]# chown -Rf Linuxadmin:Linuxadmin /home/database
[root@centos~]# semanagefcontext -a -t samba_share_t /home/database
[root@centos~]# restorecon -Rv /home/database
Relabeled /home/database from unconfined_u:object_r:user_home_dir_t:s0 to unconfined_u:object_r:samba_share_t:s0
```

步骤 3:设置 SELinux 服务与策略,使其允许通过 Samba 服务程序访问普通用户家目录。执行 getsebool 命令,筛选出所有与 Samba 服务程序相关的 SELinux 域策略,根据策略的名称(和经验)选择出正确的策略条目进行开启即可:

```
[root@centos~]# getsebool -a | grep samba
samba_create_home_dirs -->off
samba_domain_controller -->off
samba_enable_home_dirs -->off
samba_export_all_ro --> off
samba_export_all_rw --> off
samba_load_libgfapi --> off
```

```
samba_portmapper --> off
samba_run_unconfined --> off
samba_share_fusefs --> off
samba_share_nfs --> off
sanlock_use_samba --> off
tmpreaper_use_samba --> off
use_samba_home_dirs --> off
virt_use_samba --> off
[root@centos~]# setsebool -P samba_enable_home_dirs on
```

步骤 4:在 Samba 服务程序的主配置文件中,根据表 6-2 所列的格式写入共享信息。

```
[root@centos~]# vim /etc/samba/smb.conf
[global]
    workgroup = SAMBA
    security = user
    passdb backend = tdbsam
[database]
        comment = Do not arbitrarily modify the database file
        path = /home/database
        public = no
        writable = yes
```

步骤 5:Samba 服务程序的配置工作基本完毕。Samba 服务程序在 Linux 系统中的名字为 smb,所以重启并加入到启动项中,保证在重启服务器后依然能够为用户持续提供服务。

```
[root@centos~]# systemctl restart smb
[root@centos~]# systemctl enable smb
Created symlink /etc/systemd/system/multi-user.target.wants/smb.service → /usr/lib/systemd/system/smb.service.
```

避免防火墙会限制用户访问,因此决定将 iptables 防火墙清空,再把 Samba 服务添加到 firewall 防火墙中,确保万无一失。

```
[root@centos~]# iptables -F
[root@centos~]# iptables-save
[root@centos~]# firewall-cmd --zone=public --permanent --add-service=samba
success
[root@centos~]# firewall-cmd --reload
success
```

步骤 6:在服务器本地检查 Samba 服务是否启动,可以用“systemctl status smb”进行查看,而如果想进一步看 Samba 服务都共享出去了哪些目录,则可以用 smbclient 命令来查看共享详情,-U 参数指定了用户名称,建议一会儿用哪位用户进行挂载,就用哪位用户身份进行查看;-L 参数列举共享清单。

```
[root@centos~]# smbclient -U Linuxadmin -L 192.168.1.6
Enter SAMBA\Linux admin's password: 此处输入该账户在 Samba 服务数据库中的密码
```

```
Sharename       Type      Comment
---------       ----      -------
database        Disk      Do not arbitrarily modify the database file
IPC $           IPC       IPC Service (Samba 4.9.1)
Reconnecting with SMB1 for workgroup listing.
Server                 Comment
---------              -------
Workgroup              Master
---------              -------
```

Windows 挂载共享，无论 Samba 共享服务是部署在 Windows 系统上还是部署在 Linux 系统上，通过 Windows 系统进行访问时，其步骤和方法都是一样的。下面假设 Samba 共享服务部署在 Linux 系统上，并通过 Windows 系统来访问 Samba 服务。Samba 共享服务器和 Windows 客户端的 IP 地址可以根据表 6－4 来设置。

表 6－4　Samba 服务器和 Windows 客户端使用的操作系统以及 IP 地址

主机名称	操作系统	IP 地址
Samba 共享服务器	RHEL 8	192.168.1.6
Linux 客户端	RHEL 8	192.168.1.5
Windows 客户端	Windows 10	192.168.1.4

要在 Windows 系统中访问共享资源，只需要单击开始按钮后输入两个反斜杠，然后再加服务器的 IP 地址即可，如图 6－1 所示。

现在就应该能看到 Samba 共享服务的登录界面了。这里先使用 linuxadmin 账号的本地密码尝试登录，结果出现了如图 6－2 所示的报错信息。由此可以验证，在 RHEL 8 系统中，Samba 服务程序使用的果然是独立的账号信息数据库。所以，即使在 Linux 系统中有一个 linuxadmin 账号，Samba 服务程序使用的账号信息数据库中也有一个同名的 linuxadmin 账号，大家也一定要弄清楚它们各自所对应的密码。

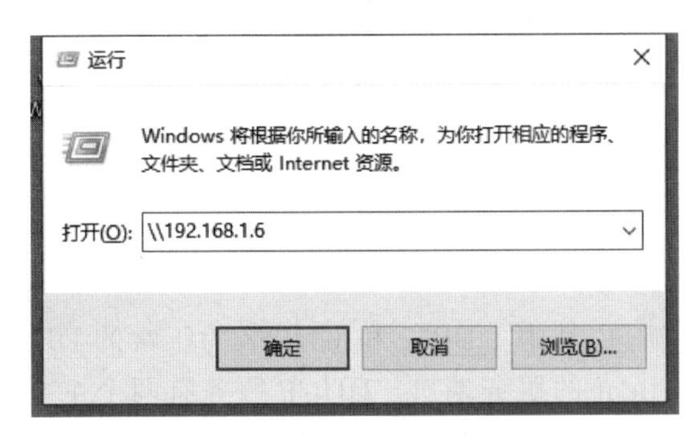

图 6－1　在 Windows 系统中访问共享资源

图 6－2　访问 Samba 共享服务提示出错

正确输入 linuxadmin 账号名以及使用 pdbedit 命令设置的密码后，就可以登录到共享界面中了，如图 6－3 所示。此时，可以尝试执行查看、写入、更名、删除文件等操作。

此时在 Linux 系统中创建一个文件，并写入一句话，命令如下：

```
[root@centos~]# cd /home/database/
[root@centosdatabase]# touch iloveLinux.txt
[root@centosdatabase]# cat iloveLinux.txt
好好学习 Linux!!!
```

图 6-3 成功访问 Samba 共享服务

创建好文件后就可以通过 Windows 查看共享文件夹的文件信息，如图 6-4 所示。最终通过 Samba 服务实现 Linux 和 Windows 之间的文件共享操作。

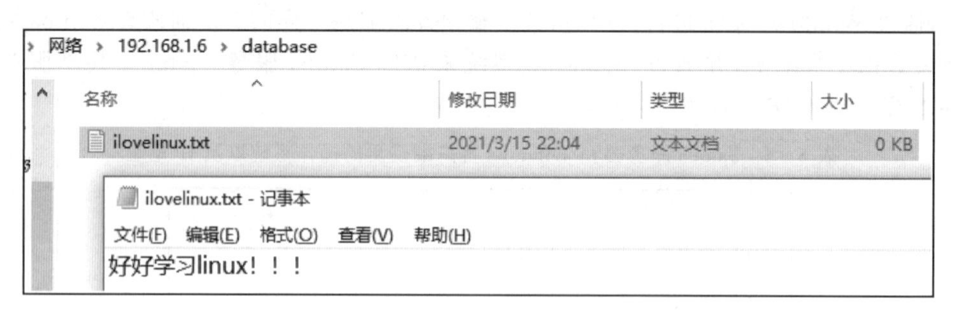

图 6-4 查看共享文件信息

由于 Windows 系统的缓存原因，有可能您在第二次登录时提供了正确的账号和密码，依然会报错，这时只需要重新启动一下 Windows 客户端就没问题了(如果 Windows 系统依然报错，请检查上述步骤是否有做错的地方)。

6.2 DHCP 服务

动态主机配置协议(Dynamic Host Configuration Protocol，DHCP)是一个局域网的网络协议，使用 UDP(User Datagram Protocol，用户数据报协议)工作，是 OSI(Open System Interconnection，开放式系统互联)参考模型中一种无连接的传输层协议，提供面向事务的简单不可靠信息传送服务。该协议用于自动管理局域网内主机的 IP 地址、子网掩码、网关地址及 DNS 地址等参数，可以有效提升 IP 地址的利用率，提高配置效率，并降低管理与维护成本。

6.2.1 DHCP 简介

DHCP 主要有 2 个端口，分别是 67 和 68 端口，其中 UDP67 和 UDP68 为正常的 DHCP 服务端口，分别作为 DHCP Server 和 DHCP Client 的服务端口。DHCP 服务有两个主要功能：一是用于内部局域网或网络服务供应商，为用户自动分配 IP 地址；二是给用户用于内部管理员作为对所有计算机作统一管理的手段。简单地说，DHCP 就是让局域网中的主机自动获得网络参数的服务。

DHCP 有优点也有缺点。优点是网络管理员可以验证 IP 地址和其他配置参数，而不用去检查每个主机；DHCP 不会同时租借相同的 IP 地址给两台主机；DHCP 管理员可以约束特定的计算机使用特定的 IP 地址；可以为每个 DHCP 作用域设置很多选项；客户端在不同子网间移动时不需要重新设置 IP 地址。缺点是 DHCP 不能发现网络上非 DHCP 客户端已经在使用的 IP 地址；当网络上存在多个 DHCP 服务器时，一个 DHCP 服务器不能查出已被其他服务器租出去的 IP 地址；DHCP 服务器不能跨路由器与客户端通信，除非路由器允许 BOOTP 转发。

注：目前路由器进行 IP 指派主要有 DHCP 和 BOOTP，DHCP 也就是动态主机分配协议，它的前身是 BOOTP。

DHCP 的典型应用模式：在网络中搭建一台 DHCP 服务器，负责集中分配各种网络地址参数(IP 地址、子网掩码、广播地址、默认网关地址、DNS 服务器地址)；其他主机作为 DHCP 客户端，将网卡配置为自动获取 IP 地址即可与 DHCP 服务器进行通信，完成自动配置的过程。

首先应该了解 DHCP 的工作过程，DHCP 的工作过程如图 6-5 所示。

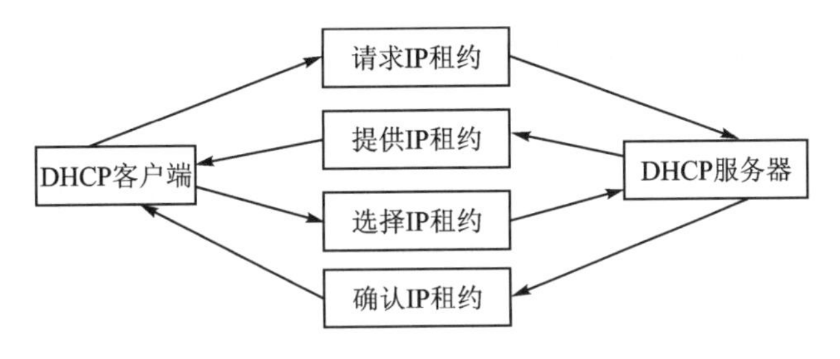

图 6-5　DHCP 工作过程

首先，客户端进行 IP 租约请求。当一个 DHCP 客户端启动时，会自动将自己的 IP 地址配置成 0.0.0.0，由于使用 0.0.0.0 不能进行正常通信，所以客户端就必须通过 DHCP 服务器来获取一个合法的地址。由于客户端不知道 DHCP 服务器的 IP 地址，所以它使用 0.0.0.0 地址作为源地址，使用 UDP68 端口作为源端口，使用 255.255.255.255 作为目标地址，使用 UDP67 端口作为目的端口来广播请求 IP 地址信息。广播信息中包含了 DHCP 客户端的 MAC 地址和计算机名，以便使 DHCP 服务器能确定是哪个客户端发送的请求。

其次是服务器响应，提供 IP 租约。当 DHCP 服务器接收到客户端请求 IP 地址的信息时，它就在自己的 IP 地址池中查找是否有合法的 IP 地址提供给客户端。如果有，DHCP 服务器就将此 IP 地址作上标记，加入 DHCPOFFER 的消息中，然后 DHCP 服务器就广播一则包括下列信息的 DHCPOFFER 消息：DHCP 客户端的 MAC 地址；DHCP 服务器提供的合法 IP 地址；子网掩码；默认网关(路由)；租约的期限；DHCP 服务器的 IP 地址。因为 DHCP 客户端还没有 IP 地址，所以 DHCP 服务器使用自己的 IP 地址作为源地址，使用 UDP67 端口作为源端口，使用 255.255.255.255 作为目标地址，使用 UDP68 端口作为目的端口来广播 DHCPOFFER 信息。

然后，客户端选择 IP。DHCP 客户端从接收到的第一个 DHCPOFFER 消息中选择 IP 地址，发出 IP 地址的 DHCP 服务器将该地址保留，这样该地址就不能提供给另一个 DHCP 客户端。当客户端从第一个 DHCP 服务器接收 DHCPOFFER 并选择 IP 地址后，DHCP 租约的第三过程发生。客户端将 DHCPREQUEST 消息广播到所有的 DHCP 服务器，表明它接收提供的内容。DHCPREQUEST 消息包括为该客户端提供 IP 配置的服务器的服务标识符(IP 地址)。DHCP 服务器查看服务器标识符字段，以确定它自己是否被选择为指定的客户端提供 IP 地址，如果那些 DHCPOFFER 被拒绝，则 DHCP 服务器会取消提供并保留其 IP 地址以用于下一个 IP 租约请求。在客户端选择 IP 的过程中，虽然客户端选择了 IP 地址，但是还没有配置 IP 地址，而在一个网络中可能有几个 DHCP 服务器，所以客户端仍然使用 0.0.0.0 作为源地址，使用 UDP68 端口作为源端口，使用 255.255.255.255 作为目标地址，使用 UDP67 端口作为目的端口来广播 DHCPREQUEST 信息。

最后，服务器确认租约。DHCP 服务器接收到 DHCPREQUEST 消息后，以 DHCPACK 消息的形式向客户端广播成功的确认，该消息包含有 IP 地址的有效租约和其他可能配置的信息。虽然服务器确认了客户端的租约请求，但是客户端还没有收到服务器的 DHCPACK 消息，所以服务器仍然使用自己的 IP 地址作为源地址，使用 UDP67 端口作为源端口，使用 255.255.255.255 作为目标地址，使用 UDP68 端口作为目的端口来广播 DHCPACK 信息。当客户端收到 DHCPACK 消息时，它就配置了 IP 地址，完成了 TCP/IP 的初始化。

6.2.2 DHCP 服务的安装与配置

DHCPd 是 Linux 系统中用于提供 DHCP 协议的服务程序。尽管 DHCP 协议的功能十分强大，但是 DHCPd 服务程序的配置步骤却十分简单，这也在很大程度上降低了在 Linux 中实现动态主机管理服务的门槛。DHCP 服务器主要的配置过程为：安装—配置—启动—调试。

首先查询主机是否已安装 DHCP 服务器，由于已经安装好 yum 源，可以输入以下命令来判断：

```
rpm -qa|grepdhcp
```

接下来是清除 yum 缓存并安装 DHCP：

```
yum clean all
yum install dhcp
```

安装过程如下：

```
[root@centosyum.repos.d]# yum install dhcp
```

已加载插件：langpacks，product-id，search-disabled-repos，subscription-manager

```
This system is not registered with an entitlement server. You can use subscription-manager to register.
myrepo                                                    | 4.1 kB     00:00
正在解决依赖关系
-->正在检查事务
-->软件包 dhcp.x86_64.12.4.2.5-58.el7 将被安装
-->解决依赖关系完成
依赖关系解决
==============================================================================
Package 架构版本源大小
==============================================================================
正在安装：
dhcp          x86_64          12:4.2.5-58.el7myrepo          513 k
```

```
事务概要
========================================================================
安装  1 软件包
总下载量:513 k
安装大小:1.4 M
Is this ok [y/d/N]: y
Downloading packages:
Running transaction check
Running transaction test
Transaction test succeeded
Running transaction
正在安装     : 12:dhcp-4.2.5-58.el7.x86_64                         1/1
验证中       : 12:dhcp-4.2.5-58.el7.x86_64                         1/1
已安装:
  dhcp.x86_64 12:4.2.5-58.el7
完毕!
```

最后安装完成后再一次查询 DHCP 服务器安装情况：

```
rpm -qa |grep dhcp
```

安装好 DHCP 服务器后还需要进行运行管理，DHCP 服务器的管理操作如下：

- 启动：# service DHCPd start
- 重新启动：# service DHCPd restart
- 查询服务的启动状态：# service DHCPd status
- 停止服务：# service DHCPd stop

在安装好之后，可以查看 DHCP 服务器程序的配置文件内容，并根据需求修改配置文件，DHCP 配置文件如下：

```
[root@centos~]# cat /etc/dhcp/dhcpd.conf
# DHCP Server Configuration file.
#   see /usr/share/doc/dhcp*/dhcpd.conf.example
#   see dhcpd.conf(5) man page
```

DHCP 服务程序的配置文件中只有 3 行注释语句，并不是完整的功能，这意味着我们需要完善对应的功能，自行编写这个文件。一个标准的配置文件的组成部分有参数、声明和选项，包括全局配置参数、子网网段声明、地址配置选项以及地址配置参数。其中，全局配置参数用于定义 DHCPd 服务程序的整体运行参数，子网网段声明用于配置整个子网段的地址属性。

关于 DHCP 涉及的常见术语包含以下几个：

① 作用域：一个完整的 IP 地址段，DHCP 协议根据作用域来管理网络的分布、分配 IP 地址及其他配置参数。

② 超级作用域：用于管理处于同一个物理网络中的多个逻辑子网段，超级作用域中包含了可以统一管理的作用域列表。

③ 排除范围：把作用域中的某些 IP 地址排除，确保这些 IP 地址不会分配给 DHCP 客户端。

④ 地址池：在定义了 DHCP 的作用域并应用了排除范围后，剩余的用来动态分配给 DHCP

客户端的 IP 地址范围。

⑤ 租约:DHCP 客户端能够使用动态分配的 IP 地址的时间。

⑥ 预约:保证网络中的特定设备总是获取到相同的 IP 地址。

具体的配置文件参数如表 6－5 所列。

表 6－5　DHCPd 服务程序配置文件中使用的常见参数以及作用

参　数	作　用
ddns－update－style 类型	定义 DNS 服务动态更新的类型,类型包括: none(不支持动态更新)、interim(互动更新模式)与 ad－hoc(特殊更新模式)
allow/ignore client－updates	允许/忽略客户端更新 DNS 记录
default－lease－time 21600	默认超时时间
max－lease－time 43200	最大超时时间
optiondomain－name－servers 8.8.8.8	定义 DNS 服务器地址
option domain－name "domain.org"	定义 DNS 域名
range	定义用于分配的 IP 地址池
option subnet－mask	定义客户端的子网掩码
option routers	定义客户端的网关地址
broadcast－address 广播地址	定义客户端的广播地址
ntp－server IP 地址	定义客户端的网络时间服务器(NTP)
nis－servers IP 地址	定义客户端的 NIS 域服务器的地址
hardware 硬件类型 MAC 地址	指定网卡接口的类型与 MAC 地址
server－name 主机名	向 DHCP 客户端通知 DHCP 服务器的主机名
fixed－address IP 地址	将某个固定的 IP 地址分配给指定主机
time－offset 偏移差	指定客户端与格林尼治时间的偏移差

可以根据自己的需求,实现 DHCP 配置文件的修改,完成 DHCP 服务器部署。DHCP 服务器的部署主要是为了实现自动管理 IP 地址,DHCP 协议的设计初衷是为了更高效地集中管理局域网内的 IP 地址资源。DHCP 服务器会自动把 IP 地址、子网掩码、网关、DNS 地址等网络信息分配给有需要的客户端,而且当客户端的租约时间到期后还可以自动回收所分配的 IP 地址,以便交给新加入的客户端。

下面通过实例模拟一个生产环境,一个机房运营部门明天会有 100 名学员自带笔记本电脑来我司培训学习,请保证他们能够使用机房的本地 DHCP 服务器自动获取 IP 地址并正常上网。机房所用的网络地址及参数信息如表 6－6 所列。

表 6－6　机房所用的网络地址以及参数信息

参数名称	值
默认租约时间	86400 秒(1 天)
最大租约时间	186400 秒
IP 地址范围	192.168.1.2～192.168.1.110

续表 6－6

参数名称	值
子网掩码	255.255.255.0
网关地址	192.168.1.1
DNS 服务器地址	192.168.1.1
搜索域	Linuxdhcp

在确认 DHCP 服务器的 IP 地址等网络信息配置妥当后就可以配置 DHCPd 服务程序了。具体配置如下：

```
[root@centos ~]# vi /etc/DHCP/DHCPd.conf
ddns-update-style none;
ignore client-updates;
subnet 192.168.10.0 netmask 255.255.255.0{
range 192.168.1.2192.168.1.110;
option subnet-mask 255.255.255.0;
option routers 192.168.1.1;
option domain-name "Linuxdhcp";
option domain-name-servers 192.168.1.1;
default-lease-time 84600;
max-lease-time 186400;
}
```

DHCPd 配置文件的参数含义及作用如表 6－7 所列。

表 6－7 DHCPd 服务程序配置文件中使用的参数以及作用

参 数	作 用
ddns-update-style none;	设置 DNS 服务不自动进行动态更新
ignore client-updates;	忽略客户端更新 DNS 记录
subnet 192.168.1.0 netmask 255.255.255.0 {	作用域为 192.168.1.0/24 网段
range 192.168.1.2 192.168.1.110;	IP 地址池为 192.168.1.2～110(约 109 个 IP 地址)
option subnet-mask 255.255.255.0;	定义客户端默认的子网掩码
option routers 192.168.1.1;	定义客户端的网关地址
option domain-name "Linuxdhcp";	定义默认的搜索域
option domain-name-servers 192.168.1.1;	定义客户端的 DNS 地址
default-lease-time 84600;	定义默认租约时间(单位:秒)
max-lease-time 184600;	定义最大租约时间(单位:秒)
}	结束符

请注意，按照规定在配置 DHCPd 服务程序时，配置文件中的每行参数后面都需要以分号(;)结尾。另外，在配置 DHCP 服务器环境中，都需要把配置过的 DHCPd 服务加入开机启动项中，以确保当服务器下次开机后 DHCPd 服务依然能自动启动，并顺利地为客户端分配 IP 地址等信息。开机自启动设置命令如下：

```
[root@centos~]# systemctlstartDHCPd
[root@centos~]# systemctlenableDHCPd
```

在配置好 DHCP 服务器后，需要对客户端进行管理，前面提到作用域一般是一个完整的 IP 地址段，而地址池中的 IP 地址才是真正供客户端使用的，因此地址池应该小于或等于作用域的 IP 地址范围。在此实验中一共有两种主机类型，如表 6－8 所列详细信息来配置 DHCP 服务器以及客户端。

表 6－8　DHCP 服务器以及客户端的配置信息

主机类型	操作系统	IP 地址
DHCP 服务器	CentOS 7	192.168.1.1
DHCP 客户端	CentOS 7	DHCP 自动获取地址

另外，由于 VMware Workstation 虚拟机软件自带 DHCP 服务，为了避免与自己配置的 DHCPd 服务程序产生冲突，应该先按照图 6－6 所示，单击虚拟机软件的“虚拟网络编辑器”菜单，然后按照图 6－7 所示，将虚拟机软件自带的 DHCP 功能关闭。

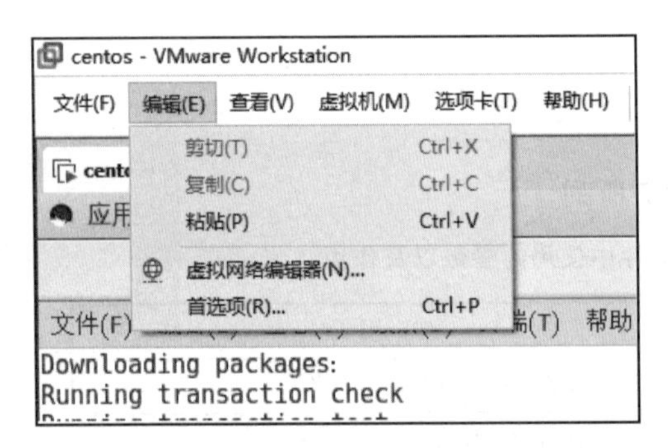

图 6－6　单击虚拟机软件的“虚拟网络编辑器”菜单

图 6－7　关闭虚拟机自带的 DHCP 功能

可随意开启几台客户端，准备进行验证。但是一定要注意，DHCP 客户端与服务器需要处于同一种网络模式—仅主机模式(Hostonly)，否则就会产生物理隔离，从而无法获取 IP 地址。建议开启 1～3 台客户端虚拟机验证一下效果，以免物理主机的 CPU 和内存的负载太高。把 DHCPd 服务程序配置妥当之后就可以开启客户端来检验 IP 分配效果了。重启客户端的网卡服务后即可看到自动分配到的 IP 地址，命令如下：

```
[root@centos~]# ifconfig
ens33: flags = 4163<UP,BROADCAST,RUNNING,MULTICAST>mtu 1500
inet192.168.1.20  netmask 255.255.255.0  broadcast 192.168.1.255
        inet6 fe80::a804:be71:2a10:9cd4  prefixlen 64  scopeid 0x20<link>
        inet6 2409:8a62:261f:a3a0:6f93:a4a0:5d0b:a03d  prefixlen 64  scopeid 0x0<global>
        ether 00:0c:29:f5:d5:73  txqueuelen 1000  (Ethernet)
        RX packets 1598  bytes 200626 (195.9 KiB)
        RX errors 0  dropped 0  overruns 0  frame 0
```

```
TX packets 351  bytes  35926 (35.0 KiB)
TX errors 0  dropped 0  overruns 0  carrier 0  collisions 0
```

至此,成功实现了 Linux 系统 DHCP 服务器的配置。

6.3 DNS 服务器

相较于由数字构成的 IP 地址,域名更容易被理解和记忆,所以通常更习惯通过域名的方式来访问网络中的资源。但是,网络中的计算机之间只能基于 IP 地址来相互识别对方的身份,而且要想在互联网中传输数据,也必须基于外网的 IP 地址来完成。

为了降低用户访问网络资源的门槛,DNS(Domain Name System,域名系统)技术应运而生。这是一种组织呈域层次结构的计算机和网络服务命名系统,一种用于管理和解析域名与 IP 地址对应关系的技术,它工作于 TCP/IP 网络,它的作用是实现域名和 IP 地址之间的相互转换。简单来说,就是能够接收用户输入的域名或 IP 地址,然后自动查找与之匹配(或者说具有映射关系)的 IP 地址或域名,即将域名解析为 IP 地址(正向解析),或将 IP 地址解析为域名(反向解析)。这样一来,我们只需要在浏览器中输入域名就能打开想要访问的网站了。

6.3.1 DNS 系统与域名空间

DNS 域名解析技术的正向解析也是我们最常使用的一种工作模式。DNS 就是这样一位“翻译官”,DNS 服务器中存储着大量的域名和 IP 地址的映射,它的基本工作原理如图 6－8 所示。

鉴于互联网中的域名和 IP 地址的对应关系数据库太过庞大,DNS 域名解析服务采用了类似目录树的层次结构来记录域名与 IP 地址之间的对应关系,从而形成了一个分布式的数据库系统。DNS 服务器是整个 DNS 的核心,它负责维护和管理所辖区域中的数据,并处理 DNS 客户端主机名的查询。它建立了一个叫作域名空间的逻辑结构,具体结构如图 6－9 所示。显示了顶层域及下一级子域之间的树形结构关系,域名空间树的最上面是根域,根域为空标记。在根域之下就是顶层域(或叫作顶级域),再下面就是其他子域。

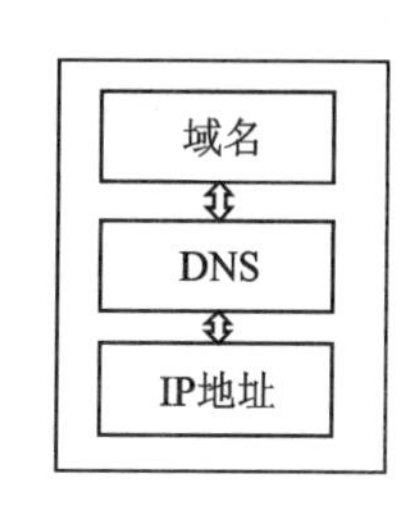

图 6－8 DNS 工作原理

图中的每个节点以及其下的所有节点叫作一个域,连接在某个域下面的其他节点称为该域的子域,每个域或子域都有一个域名,通过使用句点“.”分隔每个分支来标识一个子域在 DNS 层次中相对于其父域的位置。在 DNS 中,一个完整的域名是从该域向上直到根域的所有标记组成的字符串,标记之间用句点“.”分隔。域名后缀一般分为国际域名和国内域名。原则上来讲,域名后缀都有严格的定义,但在实际使用时可以不必严格遵守。目前最常见的域名后缀有.com(商业组织)、.org(非营利组织)、.gov(政府部门)、.net(网络服务商)、.edu(教研机构)、.pub(公共大众)、.cn(中国国家顶级域名)等。

一般在子域中含有多台主机,每台主机都有其特定的主机名,主机的域名就是由主机名和其所在的子域域名组成。这里需要注意的是这棵域名树的最大深度不能超过 127 层,每个节点最多可以存储 63 个字符。

DNS 采用层次结构,优点是各个组织在它们的内部可以自由地选择域名,只要保证组织

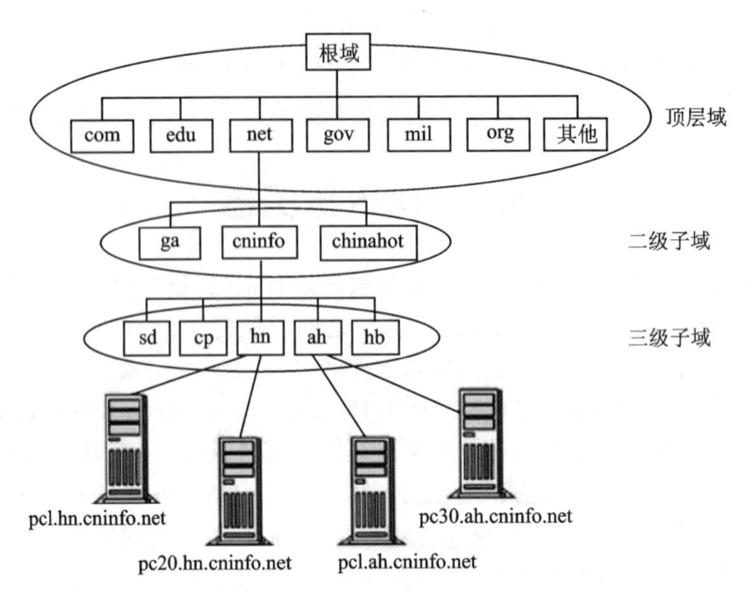

图 6-9 域名空间树型图

内的唯一性即可,而不必担心与其他组织内的域名相冲突。

6.3.2 DNS 服务器类型

为了有效管理整个互联网的 DNS 域名解析工作,DNS 系统开发者设计了一个与分层 DNS 域名结构类似的层次化的 DNS 名称服务器结构。在互联网中,每一台 DNS 服务器都只负责管理有限范围内的计算机域名和 IP 地址的对应关系,这些特定的 DNS 域或 IP 地址段称为"zone"(区)。根据地址解析的方向不同,DNS 区域相应的分为正向区域(包含域名到 IP 地址的解析记录)和反向区域(包含 IP 地址到域名的解析记录)。

DNS 服务器按照配置和实现功能的不同,包括多种不同的类型。同一台服务器相对于不同的区域来说,也拥有不同的身份。常见的 DNS 服务器类型如下:

(1) 主域名服务器

主域名服务器(Primary Name Server)是特定的 DNS 区域的官方服务器,对于某个指定区域,主域名服务器是唯一存在的,其管理的域名解析记录具有权威性。主域名服务器需要在本地设置所管理区域的地址数据库文件。主域名服务器是 DNS 的主要成员,对 Internet 中域名数据的发布和查找起着非常重要的作用。主域名服务器是地址数据的初始来源,对域中的域名有最高权限,并因为它们是区域间传送区域数据文件的唯一来源,就具有向任何一个需要其数据的服务器发布区域信息的功能。

(2) 从域名服务器

从域名服务器(Secondary Name Server)也称辅助域名服务器,其主要功能是提供主域名服务器的备份,通常与主域名服务器同时提供服务,对于客户端来说,从域名服务器提供与主域名服务器完全相同的功能,但是从域名服务器提供的地址解析记录并不是由自己决定,而是取决于对应的主域名服务器。当主域名服务器中的地址数据库文件发生变化时,从域名服务器中的地址数据库文件也会发生相应的变化。

(3) 缓存域名服务器

缓存域名服务器(Caching - only Server)可运行域名服务器软件,但是没有域名数据库软件。一旦它从某个远程服务器取得每次域名服务器查询的回答,就会放在高速缓存中,以后查询相同的信息时就不再进行查询而是直接予以回答。所有的域名服务器都按这种方式使用高速缓存中的信息,但缓存域名服务器则依赖于这一技术提供所有的域名服务器信息。缓存域名服务器不是权威性服务器,因为它提供的所有信息都是间接信息。

简单来说,主服务器是用于管理域名和 IP 地址对应关系的真正服务器,从服务器帮助主服务器"打下手",分散部署在各个国家、省市或地区,以便让用户就近查询域名,从而减轻主服务器的负载压力。缓存服务器不太常用,一般部署在企业内网的网关位置,用于加速用户的域名查询请求。

6.3.3 DNS 查询模式与解析过程

1. DNS 查询

DNS 域名解析服务采用分布式的数据结构来存放海量的"区域数据"信息,在执行用户发起的域名查询请求时,具有递归查询和迭代查询两种方式。所谓递归查询,是指 DNS 服务器在收到用户发起的请求时,必须向用户返回一个准确的查询结果。如果 DNS 服务器本地没有存储与之对应的信息,则该服务器需要询问其他服务器,并将返回的查询结果提交给用户。而迭代查询则是指 DNS 服务器在收到用户发起的请求时,并不直接回复查询结果,而是告诉另一台 DNS 服务器的地址,用户再向这台 DNS 服务器提交请求,这样依次反复,直到返回查询结果。

由此可见,在用户向就近的一台 DNS 服务器发起对某个域名的查询请求之后,其查询流程大致如图 6-10 所示。

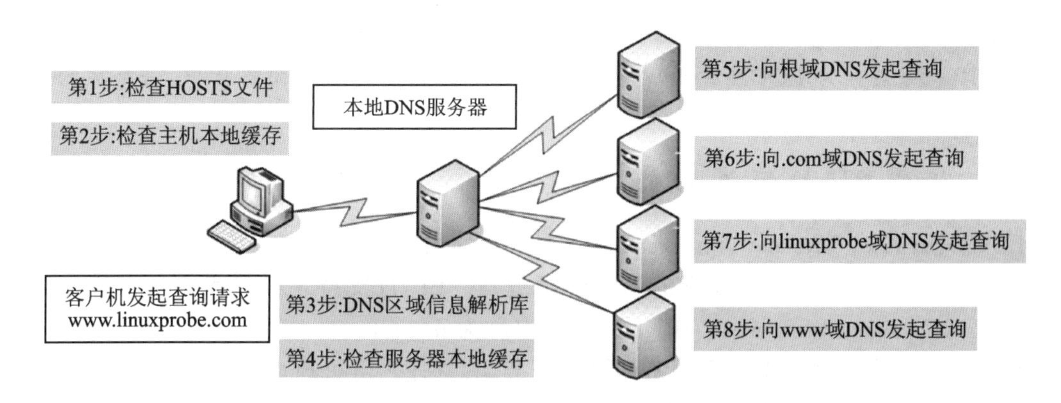

图 6-10 向 DNS 服务器发起域名查询请求的流程

当用户向网络指定的 DNS 服务器发起一个域名请求时,通常情况下会有本地由此 DNS 服务器向上级的 DNS 服务器发送迭代查询请求;如果该 DNS 服务器没有要查询的信息,则会进一步向上级 DNS 服务器发送迭代查询请求,直到获得准确的查询结果为止。其中最高级、最权威的根 DNS 服务器总共有 13 台,分布在世界各地,其管理单位、具体的地理位置,以及 IP 地址如表 6-9 所列。

表 6-9 13 台根 DNS 服务器的具体信息

名　称	管理单位	地理位置	IP 地址
A	INTERNIC. NET	美国-弗吉尼亚州	198.46.0.4
B	美国信息科学研究所	美国-加利福尼亚州	128.9.0.107
C	PSINet 公司	美国-弗吉尼亚州	192.33.4.12
D	马里兰大学	美国-马里兰州	128.8.10.90
E	美国航空航天管理局	美国-加利福尼亚州	192.203.230.10
F	因特网软件联盟	美国-加利福尼亚州	192.5.5.241
G	美国国防部网络信息中心	美国-弗吉尼亚州	192.112.36.4
H	美国陆军研究所	美国-马里兰州	128.63.2.53
I	Autonomica 公司	瑞典-斯德哥尔摩	192.36.148.17
J	VeriSign 公司	美国-弗吉尼亚州	192.58.128.30
K	RIPE NCC	英国-伦敦	193.0.14.129
L	IANA	美国-弗吉尼亚州	199.7.83.42
M	WIDE Project	日本-东京	202.12.27.33

2. FQDN

FQDN(Fully Qualified Domain Name)即完全合格域名。FQDN 由两部分组成：主机名和域名。因为 DNS 是逐级管理的，所以在不同的层级中主机名与域名也是不同的。以 www.google.com 为例，在第二层中，.com 就是域名，google 就是主机名，而到了第三层中，.google.com 就成了域名，www 就成了主机名。

注意：主机名与域名并不是依据“.”来划分的，主机名中也可以包含“.”号的，还是要根据域名的注册情况来划分。其次还有正向解析：从 FQDN 转换为 IP 地址称为正向解析。反向解析：从 IP 地址转换为 FQDN 称为反向解析。区域：正向解析或反向解析中，每个域的记录就是一个区域。

6.3.4 使用 BIND 配置 DNS 服务

BIND(Berkeley Internet Name Domain)是现在使用最为广泛、最安全可靠且高效的域名解析服务程序，最早由伯克利大学的一名学生编写。BIND 支持现今绝大多数的操作系统(Linux、UNIX、Mac、Windows)。BIND 服务的名称为 named。

DNS 域名解析服务作为互联网基础设施服务，其责任之重可想而知，因此建议大家在生产环境中安装部署 BIND 服务程序时加上 chroot(俗称牢笼机制)扩展包，以便有效地限制 BIND 服务程序仅能对自身的配置文件进行操作，以确保整个服务器的安全。代码如下：

```
[root@centos~]# yum install bind-chroot.x86_64
已加载插件：langpacks, product-id, search-disabled-repos, subscription-manager
………………省略部分输出信息………………
Installing:
bind-chroot x86_64 32:9.9.4-14.el7rhel 81 k
Installing for dependencies:
```

```
bind x86_64 32:9.9.4 - 14.el7rhel 1.8 M
Transaction Summary
=================================================================
Install 1 Package ( + 1 Dependent package)
Total download size: 1.8 M
Installed size: 4.3 M
Is this ok [y/d/N]:y
Downloading packages:
----------------------------------------------------------------------
Total 28 MB/s | 1.8 MB 00:00
Running transaction check
已安装:
    bind - chroot.x86_64 32:9.9.4 - 50.el7
作为依赖被安装:
    bind.x86_64 32:9.9.4 - 50.el7
完毕!
```

BIND 服务程序的配置并不简单，因为要想为用户提供健全的 DNS 查询服务，就要在本地保存相关的域名数据库，而如果把所有域名和 IP 地址的对应关系都写入到某个配置文件中，估计要有上千万条的参数，这样既不利于提高程序的执行效率，也不方便日后的修改和维护。因此在 BIND 服务程序中有下面这三个比较关键的文件：

① 主配置文件(/etc/named.conf)：只有 58 行，而且在去除注释信息和空行之后，实际有效的参数仅有 30 行左右，这些参数用来定义 BIND 服务程序的运行。

② 区域配置文件(/etc/named.rfc1912.zones)：用来保存域名和 IP 地址对应关系的所在位置。类似于图书的目录，对应着每个域和相应 IP 地址所在的具体位置，当需要查看或修改时，可根据这个位置找到相关文件。

③ 数据配置文件目录(/var/named)：该目录用来保存域名和 IP 地址真实对应关系的数据配置文件。

在 Linux 系统中，BIND 服务程序的名称为 named。首先需要在/etc 目录中找到该服务程序的主配置文件，然后把第 11 行和第 17 行的地址均修改为 any，分别表示服务器上的所有 IP 地址均可提供 DNS 域名解析服务，以及允许所有人对本服务器发送 DNS 查询请求。这两个地方一定要修改准确。代码如下：

```
[root@centos~]# vim /etc/named.conf
1 //
2 // named.conf
3 //
4 // Provided by Red Hat bind package to configure the ISC BIND named(8) DNS
5 // server as a caching only nameserver (as a localhost DNS resolveronly).
6 //
7 // See /usr/share/doc/bind * /sample/ for example named configuration files.
8 //
9
10 options {
```

```
11 listen-on port 53 { any; };
12 listen-on-v6 port 53 { ::1; };
13 directory "/var/named";
14 dump-file "/var/named/data/cache_dump.db";
15 statistics-file "/var/named/data/named_stats.txt";
16 memstatistics-file "/var/named/data/named_mem_stats.txt";
17 allow-query { any; };
18
19 /*
20  - If you are building an AUTHORITATIVE DNS server, do NOT enable re cursion.
1,1 Top
21  - If you are building a RECURSIVE (caching) DNS server, you need to enable
22 recursion.
23  - If your recursive DNS server has a public IP address, you MUST en able access
24 control to limit queries to your legitimate users. Failing to do so will
25 cause your server to become part of large scale DNS amplification
26 attacks. Implementing BCP38 within your network would greatly
27 reduce such attack surface
28 */
29 recursion yes;
30
31 dnssec-enable yes;
32 dnssec-validation yes;
33 dnssec-lookaside auto;
34
35 /* Path to ISC DLV key */
36 bindkeys-file "/etc/named.iscdlv.key";
37
38 managed-keys-directory "/var/named/dynamic";
39
40 pid-file "/run/named/named.pid";
41 session-keyfile "/run/named/session.key";
42 };
43
44 logging {
45 channel default_debug {
46 file "data/named.run";
47 severity dynamic;
48 };
49 };
50
51 zone "." IN {
52 type hint;
53 file "named.ca";
54 };
```

```
55
56 include "/etc/named.rfc1912.zones";
57 include "/etc/named.root.key";
58
```

如前所述，BIND 服务程序的区域配置文件（/etc/named.rfc1912.zones）用来保存域名和 IP 地址对应关系的所在位置。在这个文件中，定义了域名与 IP 地址解析规则保存的文件位置以及服务类型等内容，而没有包含具体的域名、IP 地址对应关系等信息。服务类型有 3 种，分别为 hint（根区域）、master（主区域）、slave（辅助区域），其中常用的 master 和 slave 指的就是主服务器和从服务器。

6.4 Apache 服务

Apache 程序是目前拥有很高市场占有率的 Web 服务程序之一，其跨平台和安全性广泛被认可，且拥有快速、可靠、简单的 API 扩展。Apache 服务程序可以运行在 Linux 系统、UNIX 系统或者 Windows 系统中，支持基于 IP、域名及端口号的虚拟主机功能，支持多种认证方式，集成有代理服务器模块、安全 Socket 层（SSL），能够实时监视服务状态与定制日志消息，并有着各类丰富的模块支持。

平时访问的网站服务就是 Web 网络服务，一般是指允许用户通过浏览器访问到互联网中各种资源的服务。Web 网络服务是一种被动访问的服务程序，即只有接收到互联网中其他主机发出的请求后才会响应，最终用于提供服务程序的 Web 服务器会通过 HTTP（超文本传输协议）或 HTTPS（安全超文本传输协议）把请求的内容传送给用户。目前能够提供 Web 网络服务的程序有 IIS、Nginx 和 Apache 等。

6.4.1 Apache 简介

1970 年，作为互联网前身的 ARPANET（阿帕网）已初具雏形，并开始向非军用部门开放，许多大学和商业部门开始接入。虽然彼时阿帕网的规模（只有 4 台主机联网运行）还不如现在的局域网成熟，但是它依然为网络技术的进步打下了扎实的基础。主机与 Web 服务器之间的通信具体访问模式如图 6-11 所示。

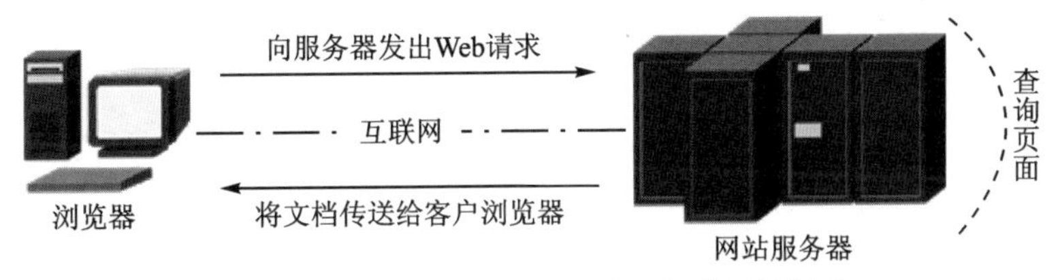

图 6-11　主机与 Web 服务器之间的通信模式

Apache 是世界使用排名第一的 Web 服务器软件。它可以运行在几乎所有广泛使用的计算机平台上，由于其跨平台和安全性被广泛使用，是非常流行的 Web 服务器端软件之一。它快速、可靠并且可通过简单的 API 扩充将 Perl/Python 等解释器编译到服务器中。因为它是自由软件，所以不断有人来为它开发新的功能、新的特性、修改原来的缺陷。Apache 的特点是简单、速度快、性能稳定，并可做代理服务器来使用。

本来它只用于小型或试验 Internet 网络，后来逐步扩充到各种 UNIX 系统中，尤其对 Linux 的支持相当完美。Apache 有多种产品，可以支持 SSL 技术，支持多个虚拟主机。Apache 是以进程为基础的结构，进程要比线程消耗更多的系统开支，不太适合于多处理器环境，因此，在一个 Apache Web 站点扩容时，通常是增加服务器或扩充群集节点而不是增加处理器。到目前为止，Apache 仍然是世界上用得最多的 Web 服务器，市场占有率达 60%左右。世界上很多著名的网站如 Amazon、Yahoo!、W3 Consortium、Financial Times 等都是 Apache 的产物，它的成功之处主要在于其源代码开放、有一支开放的开发队伍、支持跨平台的应用(可以运行在几乎所有的 UNIX、Windows、Linux 系统平台上)以及它的可移植性等方面。

6.4.2 Apache 的安装与基本配置

在了解 Apache 后可以使用本地 yum 源安装 Apache 服务程序。这里需要注意，使用 yum 命令进行安装时，跟在命令后面的 Apache 服务的软件包名称为 httpd。如果直接执行 yum install apache 命令，则系统会报错。具体的安装命令如下：

```
[root@centos~]# yum install httpd
已加载插件：langpacks, product-id, search-disabled-repos, subscription-manager
This system is not registered with an entitlement server. You can use subscription-manager to register.
myrepo                                          | 4.1 KB   00:00:00
(1/2): myrepo/group_gz                          | 137 KB   00:00:00
(2/2): myrepo/primary_db                        | 4.0 MB   00:00:00
================================================================
安装  1 软件包 (+4 依赖软件包)

总下载量：1.5 M
安装大小：4.3 M
Is this ok [y/d/N]: y
Downloading packages:
----------------------------------------------------------------
总计                                     36 MB/s | 1.5 MB   00:00
Running transaction check
Running transaction test
Transaction test succeeded
Running transaction
  验证中      : httpd-2.4.6-67.el7.x86_64                          1/5
  验证中      : apr-util-1.5.2-6.el7.x86_64                        2/5
  验证中      : mailcap-2.1.41-2.el7.noarch                        3/5
  验证中      : httpd-tools-2.4.6-67.el7.x86_64                    4/5
  验证中      : apr-1.4.8-3.el7.x86_64                             5/5

已安装：
  httpd.x86_64 0:2.4.6-67.el7
作为依赖被安装：
  apr.x86_64 0:1.4.8-3.el7                 apr-util.x86_64 0:1.5.2-6.el7
```

```
httpd-tools.x86_64 0:2.4.6-67.el7mailcap.noarch 0:2.1.41-2.el7
完毕!
```

接下来启用 httpd 服务程序,为用户提供 Web 服务:

```
[root@centos~]# systemctl start httpd
```

打开浏览器(这里以 Firefox 浏览器为例),在地址栏中输入 http://127.0.0.1 并按回车键,就可以看到用于提供 Web 服务的 httpd 服务程序的默认页面,如图 6-12 所示。

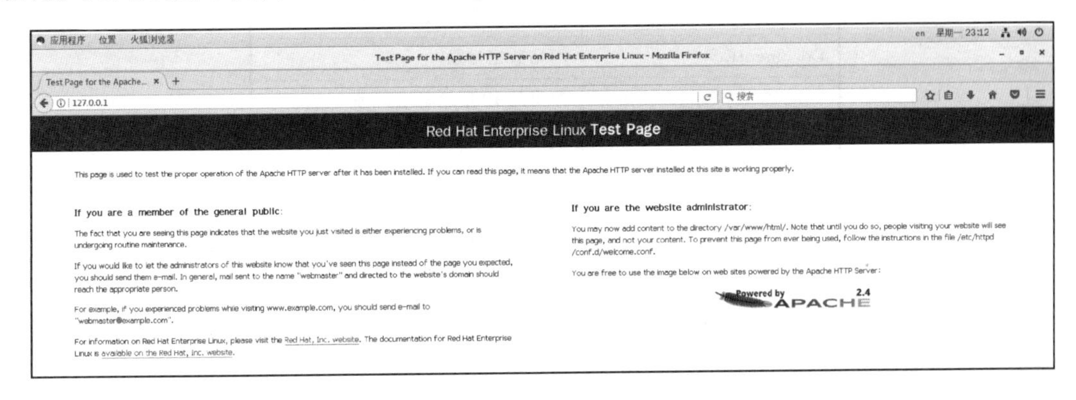

图 6-12　httpd 服务程序的默认页面

需要注意的是,httpd 服务程序的安装和运行仅仅是 httpd 服务程序的一些皮毛,我们依然有很长的道路要走。在 Linux 系统中配置服务,其实就是修改服务的配置文件,因此,还需要知道这些配置文件的所在位置以及用途,httpd 服务程序的主要配置文件及存放位置如表 6-10 所列。

表 6-10　Linux 系统中的配置文件

作　用	文件名称
服务目录	/etc/httpd
主配置文件	/etc/httpd/conf/httpd.conf
网站数据目录	/var/www/html
访问日志	/var/log/httpd/access_log
错误日志	/var/log/httpd/error_log

在 httpd 服务程序的主配置文件中,存在 3 种类型的信息:注释行信息、全局配置、区域配置图。这里主要讲解全局配置参数与区域配置参数的区别。顾名思义,全局配置参数就是一种全局性的配置参数,可作用于所有的子站点,既保证了子站点的正常访问,也有效减少了频繁写入重复参数的工作量。区域配置参数则是单独针对每个独立的子站点进行设置的。就像在大学食堂里面打饭,食堂负责打饭的阿姨先给每位同学来一碗标准大小的白饭(全局配置),然后再根据每位同学的具体要求盛放他们想吃的菜(区域配置)。在 httpd 服务程序主配置文件中,最常用的参数如表 6-11 所列。

从表中可知,DocumentRoot 参数用于定义网站数据的保存路径,其参数的默认值是把网站数据存放到/var/www/html 目录中;而当前网站普遍的首页面名称是 index.html,因此可以向/var/www/html 目录中写入一个文件,替换掉 httpd 服务程序的默认首页面,该操作会立即生效。

表 6-11 配置 httpd 服务程序时最常用的参数以及用途描述

参 数	作 用
ServerRoot	服务目录
ServerAdmin	管理员邮箱
User	运行服务的用户
Group	运行服务的用户组
ServerName	网站服务器的域名
DocumentRoot	网站数据目录
Listen	监听的 IP 地址与端口号
DirectoryIndex	默认的索引页页面
ErrorLog	错误日志文件
CustomLog	访问日志文件
Timeout	网页超时时间,默认为 300 s

在执行上述操作之后,再在 Firefox 浏览器中刷新 httpd 服务程序,可以看到该程序的首页面内容已经发生了改变,如图 6-13 所示。

```
[root@centos ~]# echo "我爱学习 Linux" > /var/www/html/index.html
[root@centos~]#firefox
```

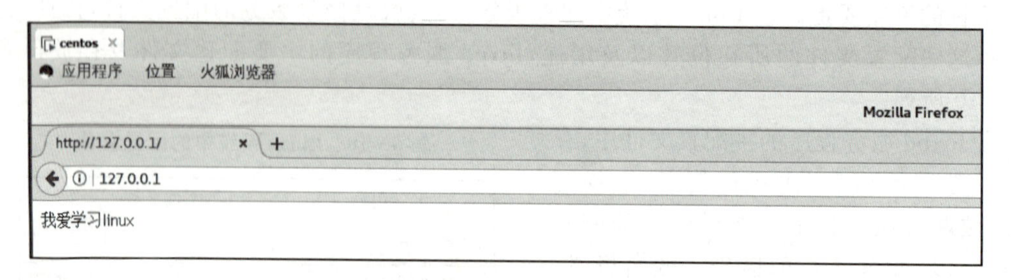

图 6-13 httpd 服务程序的首页面内容已经被修改

如果想在系统中为每位用户建立一个独立的网站,通常的方法是基于虚拟网站主机功能来部署多个网站。但这个工作会让管理员苦不堪言(尤其是用户数量很庞大时),而且在用户自行管理网站时,还会碰到各种权限限制,需要为此做很多额外的工作。其实,httpd 服务程序提供的个人用户主页功能完全可以胜任这个工作。该功能可以让系统内所有的用户在自己的家目录中管理个人网站,而且访问起来也非常容易。

步骤 1:在 httpd 服务程序中,默认没有开启个人用户主页功能。为此,我们需要编辑下面的配置文件,然后在第 17 行的 UserDir disabled 参数前面加上井号(#),表示让 httpd 服务程序开启个人用户主页功能;同时再把第 24 行的 UserDir public_html 参数前面的井号(#)去掉(UserDir 参数表示网站数据在用户家目录中的保存目录名称,即 public_html 目录)。最后,在修改完毕后记得保存。

```
[root@centos~]# vim /etc/httpd/conf.d/userdir.conf
1 #
```

```
2 # UserDir: The name of the directory that is appended onto a user's home
3 # directory if a ~user request is received.
4 #
5 # The path to the end user account 'public_html' directory must be
6 # accessible to the webserver userid. This usually means that ~userid
7 # must have permissions of 711, ~userid/public_html must have permissions
8 # of 755, and documents contained therein must be world - readable.
9 # Otherwise, the client will only receive a "403 Forbidden" message.
10 #
11 <IfModulemod_userdir.c>
12 #
13 # UserDir is disabled by default since it can confirm the presence
14 # of a username on the system (depending on home directory
15 # permissions).
16 #
17 # UserDir disabled
18
19 #
20 # To enable requests to /~user/ to serve the user's public_html
21 # directory, remove the "UserDir disabled" line above, and uncomment
22 # the following line instead:
23 #
24   UserDir public_html
25 </IfModule>
26
27 #
28 # Control access to UserDir directories. The following is an example
29 # for a site where these directories are restricted to read - only.
30 #
31 <Directory "/home/ * /public_html">
32 Allow Override File Info Auth Config Limit Indexes
33 Options Multi Views Indexes SymLinks If Owner Match Includes NoExec
34 Require method GET POST OPTIONS
35 </Directory>
```

步骤 2:在用户家目录中建立用于保存网站数据的目录及首页面文件。另外,还需要把家目录的权限修改为 755,保证其他人也有权限读取里面的内容。

```
[root@centoshome]# su - Linuxadmin
Last login: Fri May 22 13:17:37 CST 2017 on :0
[Linuxadmin @centos ~]$ mkdirpublic_html
[Linuxadmin @ centos ~] $ echo "This is Linuxadmin's website,我爱学习!" >public_html/index.html
[Linuxadmin @centos ~]$ chmod - Rf 755 /home/Linuxadmin
```

步骤 3:重新启动 httpd 服务程序,在浏览器的地址栏中输入网址,其格式为"网址/~用户名”(其中的波浪号是必需的,而且网址、波浪号、用户名之间没有空格),如图 6-14 所示。

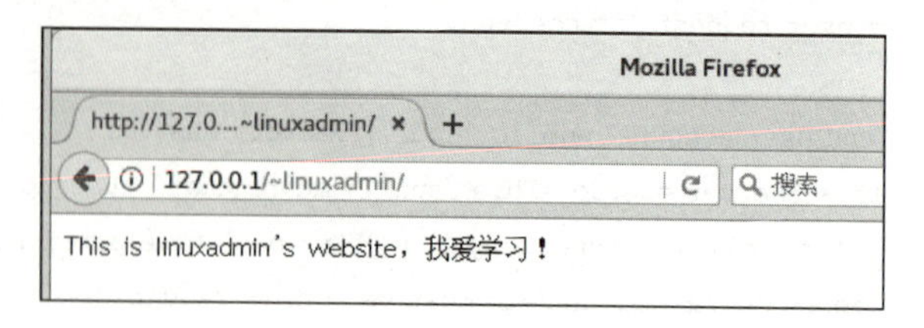

图 6-14　个人用户主页面中的内容

步骤 4:如果显示 403 禁止访问,就需要关闭防火墙,因为 http 服务程序在提供个人用户主页功能时,该用户的网站数据目录本身就应该是存放到与这位用户对应的家目录中的,所以应该不需要修改家目录的 SELinux 安全上下文。但是,前文还讲到了 SELinux 域的概念。SELinux 域确保服务程序不能执行违规的操作,只能本本分分地为用户提供服务。

接下来使用 getsebool 命令查询并过滤出所有与 http 协议相关的安全策略。其中,off 为禁止状态,on 为允许状态。代码如下:

```
[root@centos~]#getsebool -a | grep http
httpd_anon_write -->off
httpd_builtin_scripting --> on
httpd_can_check_spam --> off
httpd_can_connect_ftp -->off
httpd_can_connect_ldap -->off
httpd_can_connect_mythtv -->off
httpd_can_connect_zabbix -->off
httpd_can_network_connect -->off
httpd_can_network_connect_cobbler -->off
httpd_can_network_connect_db -->off
httpd_can_network_memcache --> off
httpd_can_network_relay --> off
httpd_can_sendmail --> off
httpd_dbus_avahi --> off
httpd_dbus_sssd --> off
httpd_dontaudit_search_dirs --> off
httpd_enable_cgi --> on
httpd_enable_ftp_server -->off
httpd_enable_homedirs -->off
httpd_execmem --> off
httpd_graceful_shutdown --> on
httpd_manage_ipa -->off
httpd_mod_auth_ntlm_winbind --> off
httpd_mod_auth_pam --> off
httpd_read_user_content -->off
httpd_run_stickshift --> off
httpd_serve_cobbler_files -->off
httpd_setrlimit --> off
```

```
httpd_ssi_exec --> off
httpd_sys_script_anon_write -->off
httpd_tmp_exec --> off
httpd_tty_comm --> off
httpd_unified --> off
httpd_use_cifs --> off
httpd_use_fusefs --> off
httpd_use_gpg --> off
httpd_use_nfs --> off
httpd_use_openstack --> off
httpd_use_sasl --> off
httpd_verify_dns -->off
named_tcp_bind_http_port -->off
prosody_bind_http_port --> off
```

面对如此多的 SELinux 域安全策略规则,实在没有必要逐个理解,我们只要能通过名字大致猜测出相关的策略用途就足够了。大家一定要记得在 setsebool 命令后面加上-P 参数,让修改后的 SELinux 策略规则永久生效且立即生效,随后刷新网页,代码如下:

```
[root@centos~]# setsebool -P httpd_enable_homedirs=on
```

6.5 思考与实验

1. 简述在 Linux 系统中使用 Samba 服务程序来共享资源的步骤方法。
2. DHCP 协议能够为客户端分配什么网卡资源?
3. 真正供用户使用的 IP 地址范围是作用域还是地址池?
4. 简述 DHCP 协议中“租约”的作用。
5. 在 DNS 服务中,正向解析和反向解析的作用是什么?
6. 部署 DNS 从服务器的作用是什么?
7. 简述 Apache 服务主配置文件中全局配置参数、区域配置参数和注释信息的作用。

参考文献

[1] 鸟哥.鸟哥的 LINUX 私房菜基础学习篇[M].4 版.北京:人民邮电出版社,2018.
[2] 杨云,林哲.Linux 网络操作系统项目教程(REHL7.4/CentOS7.4)[M].3 版.北京:人民邮电出版社,2019.
[3] 刘遄.Linux 就该这么学[M].北京:人民邮电出版社,2017.